故事館

故事館

理科少女の料理實驗室 3

讓人頭痛的暑假自由研究！？

山本 史 やまもと ふみ 著
nanao 繪
緋華璃 譯

目錄

人物介紹

佐佐木理花

小學五年級，擅長理化，
經常和蒼空同學一起做甜點。

廣瀨蒼空

小學五年級，班上最帥的男生，
正在學習如何當一名優秀的甜點師傅。

金子百合

小學五年級，
理花和蒼空的同班同學。

石橋脩

小學五年級，轉學生。
興趣是學習。

理花的爸爸

熱愛甜食的
大學老師。

蒼空同學的爺爺

Patisserie Fleur
的甜點師傅。

葉大哥

Patisserie Fleur
的新進員工。

1 夏天，露營的季節！

「完成！接下來，只剩下自由研究了！」

我的眼前擺滿暑假作業講義，還有算術、國字的練習題，看著上面寫滿密密麻麻的答案，內心頓時充滿成就感。

望向窗外，太陽還高掛在天空中，可是，這陣子從窗外傳來的蟲鳴，已經不只有蟬聲，也開始夾雜著蟋蟀與鈴蟲這些秋天的昆蟲叫聲。

今天已經是八月十七日，原本覺得漫長的暑假，轉眼就只剩下最後

兩個星期了。

隨著時間飛逝，我開始擔心暑假作業的進度。很多人可能會認為還有兩個星期，時間不是很充裕嗎？

事實上，今年暑假的後半段還有一個重大活動，那就是——

露營！

大家都是透過學校發的報名表報名，這次參加的成員很驚人。想起當初決定露營成員的情景，我忍不住莞爾一笑。

「哇！居然有露營？」

放暑假的前一天，奈奈看到老師一起發下的作業和報名表時，忍不住興奮地大叫。

奈奈——小室奈奈同學是一個很適合綁馬尾的女生，個性活潑，同時她也是我們班上唯一加入足球隊的女生，運動神經非常發達。她跟百合同學、小唯同學是好朋友，經常聚在一起玩。

不同於奈奈的反應，坐在她前面的小唯唉聲嘆氣地說：「我不太喜歡這種活動……」

「啊！因為小唯會過敏……戶外活動很辛苦吧！」奈奈像是洩了氣

的皮球，語氣變得有氣無力。

「就是啊！可是……沒關係！我很怕熱，而且那天我剛好要去奶奶家，本來就無法參加。」小唯露出笑容，有點勉強地解釋著。

「往年我們家暑假都會去露營，但是今年爸爸說他要工作，我以為去不成了，不過現在看起來，說不定又有機會去露營！我先回去跟爸爸媽媽商量……對了！百合妳也會一起去吧？」奈奈轉身問坐在斜後方的百合同學。

「露營都在森林，那裡會有很多蟲吧？我討厭蟲子，還是算了！」百合同學一臉驚嚇的猛搖頭。

「野外確實會有蟲子，可是能看到漂亮的星星，而且還可以烤肉，不覺得很棒嗎？妳不去的話，太可惜了！」

聽奈奈這麼說，連我也興奮起來了。有很多蟲子？星星？

還可以烤肉？

我想起以前和爸爸媽媽去露營的時候，曾抓來鍬形蟲和獨角仙近距離觀察，當時的星空真的好漂亮。

啊啊啊……好期待！

好想抓一大堆昆蟲，也想觀察星象呢！

正當我盯著發下來的報名表時，桔平同學走過來插話：「我也喜歡露營！奈奈要去嗎？那我也要去。」

五十嵐桔平同學和奈奈同學都是學校足球隊的成員，他的個子雖然小，但跑得很快，個性有點愛出風頭。他也常和蒼空同學一起玩，所以經常能看見他們兩個的身影。當然有時候也會吵架，打打鬧鬧，但總是很快就能和好，看起來感情非常好。

「露營啊……我好想看星星，可是我又怕蟲……」百合同學似乎陷

入兩難，此時她看了我一眼。

我也剛好望向百合同學的方向，所以視線撞個正著。

百合同學看著我，露出不可思議的表情。

怎麼了？百合同學看著我的手……我順著她的視線往下看，發現自己正用力抓著報名表。

「理花同學，妳該不會也想去露營吧？」

哇！她怎麼知道？

我有點不好意思，趕緊

放下手中原本緊握的報名表。

「那……要不要一起去？」百合同學支支吾吾的開口詢問，我感受到喜悅從內心深處湧出……百合同學竟然主動約我了！

因為前一陣子，我們之間的互動還有些尷尬，現在聽她這麼一說，我實在是太高興了！這表示我們的關係越來越好，我馬上點點頭說：

「我想去！」

話剛說完，坐在我隔壁的脩同學也小聲的說：「嗯……那我也報名吧！那裡好像有很多獨角仙和鍬形蟲，還可以觀察到許多植物。」

我愣了一下，正打算往旁邊看的時候……

「聽起來很好玩，我也要一起去露營！」

熟悉的嗓音在我耳邊響起，我望向聲音的主人，是一直站在不遠處跟桔平同學聊天的蒼空同學。

咦……蒼空同學也要去？

我的心臟開始撲通撲通

的狂跳，和蒼空同學一起去露營？應該會很開心！

這下子，無論如何我都得求媽媽點頭同意了。

最後決定參加露營的人有百合同學、奈奈同學、桔平同學、脩同學、蒼空同學，還有我，總共六個人。

中山老師得知我們要參加露營後，笑著叮嚀：「去露營前，要先把作業寫完喔！雖然露營是在暑假後半段，但如果打算玩回來才寫作業，肯定寫不完！」

為了開心出遊，我想盡快地把暑假作業提前寫完。

「理花，暑假作業都寫完了嗎？真了不起。」在沙發看雜誌的爸爸隨口問道。

「還沒有全部寫完，不過我想在露營前完成。」

「這樣啊！下禮拜就要去露營了呢！」

「接下來，**只剩下自由研究**……要研究什麼才好呢？爸爸，您的電腦可以借我一下嗎？」

「妳想要查什麼資料？」

「關於自由研究的題目。」

顧名思義，「自由研究」就是學校希望我們每個人交出自己想做的研究報告，可以畫圖，也可以寫讀書心得。因為我去年的自由研究是畫圖，所以今年想嘗試做別的主題。

我打開電腦輸入「暑假的自由研究」這個關鍵字，結果網路上面搜尋到的都是書名，點進去也看不到內容。

「嗯……根本沒什麼幫助啊！」我坐在螢幕前低聲抱怨。

爸爸在背後一邊笑著，一邊熱心提醒：「有些資料上網就查得到，也有些資料不適合，我覺得如果想要仔細研究，還是書本寫得比較詳細！要不要看看家裡有沒有這類的書呢？」

我想起家裡也有自由研究的書，以前做冰棒的實驗，就是看著書本裡的步驟。「但那本書裡的內容，我幾乎都做過了。」因為我想做研究時就做研究，跟它是不是暑假作業無關，所以幾乎都做過了。

「這樣啊……」爸爸看著螢幕的畫面，冷不防冒出一句：「對了，要不要跟爸爸一起做實驗？」

其實一直到二年級為止，我經常跟爸爸一起做實驗，回想起來真的非常快樂！可是……

「今年我想自己動腦筋，自己動手做。」

爸爸似乎有些遺憾，但他看我的眼神好像也很欣慰，像是在說，理花已經是個小科學家了呢！

「可是好難決定要做什麼啊……」我喪氣的說。爸爸想了一下，提示我：「想想身邊不了解的事，或許也不錯呢！」

「不了解的事？」

「平常覺得『為什麼』或『怎麼會』的問題，其實就是可以發展研究的種子！」

「『為什麼』跟『怎麼會』嗎？」我重覆著爸爸的話。

「或是找自己擅長的領域，你不是有嗎？」

「擅長的領域？」我有聽沒有懂，爸爸笑著說：「想一想，妳平常就在做的事啊！」

我平常就在做的事——

甜點嗎？

見我瞪大了雙眼，爸爸莞爾一笑。

「只要從那裡延伸出去就好了，也可以共同研究啊！」

也就是說……如果能跟蒼空同學一起自由研究，一定很幸福吧？我突然對「共同研究」這件事充滿了期待。

可是蒼空同學會不會已經完成自由研究了？要是還沒有的話，我想

邀請他一起……

想到這裡，我覺得自己已經坐不住了，現在就去問他吧？

雖然我有點猶豫不決，但還是往Patisserie Fleur的方向走去。萬一，在我考慮的時候，蒼空同學已經先決定了主題，那就不能一起做自由研究了。而且，既然是我想跟蒼空同學一起研究，就應該由我主動邀請。

我已經有十天左右沒見到蒼空同學了，原因是盂蘭盆節的期間，我去了爺爺家，後來又因為忙著寫作業，沒空跟蒼空同學一起做實驗。

咦？這麼說來……

我突然停下腳步，想起最後一次見到蒼空同學，他說他還沒開始寫作業，當時他說：「別擔心，我會利用盂蘭盆節一次搞定！」

真的……不用……擔心……嗎？

他還說：「我要快點寫完暑假作業，剩下的時間就可以拿來做好多好多的甜點了！」

我內心有股**不祥的預感**……我搖搖頭，甩開那股不祥的預感，加快腳步走向Patisserie Fleur。

2 一堆積如山的作業
——廣瀨蒼空的故事

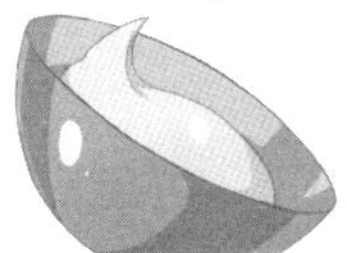

暑假期間，基本上，我都待在爺爺家。爺爺家雖然有點老舊，但比起我家，可是涼快多了。

不過，現在我全身都是汗——而且是冷汗。寬敞的客廳裡，有一張超級大的矮桌，桌上擺滿了講義，那些全都是我的暑假作業。而且答案的欄位，一、片、空、白。

「寫、寫不完了……怎麼辦？」我痛苦的呻吟。

原本打算在盂蘭盆節前完成，結果不是打棒球，就是去游泳，每天玩得不亦樂乎。

「這下慘了，距離露營只剩三天……」我懊惱的說。

可是……誰都不能阻止我去露營！

爸爸媽媽當初答應我去露營的條件是：「要先把功課寫完！」所以，無論如何我都得趕在出發前完成。

正當我心急如焚時……

「蒼空，你在哪兒？」爺爺的聲音從外面傳來。

「什麼事？」

我推開緣廊的窗戶，一陣悶熱的暖風迎面而來。

哇！好熱！

不行！會中暑！捨不得冷氣外流，我立刻想把窗戶關上，可是爺爺伸手一把按住窗戶，不讓我關窗。

「你這小子，**冷凍庫是怎麼回事**？」

冷凍庫？我想了一下，立刻想到了。

「啊！那是蛋白。」

作甜點的時候，經常要把蛋黃和蛋白分開使用，所以難免會出現其中之一剩比較多的狀況。就拿卡士達醬來說好了，卡士達醬只需用到蛋黃，而且一次必須用上三顆蛋黃的量，可是沒用到的蛋白丟掉又很可惜，所以我先放進冷凍庫裡，等之後要用的時候再把它解凍。

這麼說來，前陣子一直在做卡士達醬，所以冷凍了很多蛋白……

「蛋白剩太多！簡直塞滿了整個冷凍庫！別的東西都裝不進去了！還有，食材並不是放在冷凍庫就不會壞！」爺爺嚴肅地訓示我。

「我知道啊！可是蛋白很難使用嘛！要不然爺爺做點能拿出來賣的甜點好了……」

聽到我這麼說，爺爺火冒三丈，露出凶巴巴的表情。

「怎麼能用剩下的材料製作店內販賣的甜點？我每天都把要用的材料份量計算得很精準，才沒空管你用剩的東西！再說，思考如何分配，不讓材料過剩，也是廚師應該學習的課題，不是嗎？如果老是想依賴別人的話，你永遠別想要我收你當徒弟。」

要是惹爺爺不高興就慘了！原本我就只是徒弟……甚至連「徒弟」這個身分都還稱不上，充其量只是徒弟的「候補」而已，要是連這個「候補」的資格都被取消還得了？

「知道了啦！我會想辦法處理！」

「快點把冷凍庫裡面的蛋白處理掉！再不想辦法的話，店裡的東西都放不進去了。」

「好啦好啦……」

說是這麼說，但我看到桌上的作業，不由得一個頭兩個大。除了暑假作業，再加上爺爺交代的任務，我覺得前途一片黑暗。

「到底該怎麼辦才好……」我哀號起來。

我無力的走向烘焙坊，打算先整理冷凍庫，即使正值盛夏，烘焙坊內仍然相當涼爽。製作甜點時，溫度的管理非常重要，所以一年四季都必須保持在幾乎相同的溫度。

從烘焙坊的窗口看見一個人影，我不禁停下腳步。裡面的人不是爺爺，而是葉大哥……

啊！正好，請葉大哥幫忙吧！葉大哥跟爺爺不一樣，脾氣很好、心地善良，或許他願意指點我該怎麼處理蛋白的問題。

「葉大哥！」

我推開門，喊了他一聲。只見葉大哥的背影突然抖了一下，然後飛快的轉過身來。

有必要嚇成這樣嗎？

「啊！抱歉，你在忙嗎？」我下意識地出聲道歉。

「原來是蒼空啊！」

葉大哥露出鬆了一口氣的樣子，迅速闔上手邊的筆記本。

「咦？那本筆記是……」

「這個啊！是主廚的祕笈。」

那是原本掛在牆上，爺爺用法文寫的舊筆記本，我之前曾用平板電腦拚命翻譯過它的內容！

「那是用法文寫的，葉大哥也能看懂嗎？太厲害了！」

「嗯，我以前在法國待過一陣子。」

看見我露出讚歎的表情，葉大哥轉頭看了牆上的照片一眼，那是爺爺奶奶以前在法國的烘焙坊留下的合照。

對了，上次他也是看著那張照片，然後說了一句好像咒語，我聽不懂的話。**那句話是什麼意思……**

正當我想起那件事時——

「話說回來，主廚認為我還不及格，他說我做的甜點不夠吸引人。」

葉大哥聳聳肩，苦笑地說。

「爺爺實在太嚴格了。啊！對了，葉大哥，我有事想跟你商量！」

我詢問他關於蛋白的問題，葉大哥側著頭，思考了一下，接著說：「要我教你，當然沒問題，可是，如果你不試著自己動腦筋的話，不就沒意義了嗎？」

「話、話是這麼說沒錯啦……可是如果我寫不完作業，就不能去露營……我已經沒時間慢慢想了。」

葉大哥輕聲嘆息。

「傷腦筋！那你先給我一些蛋白，我來做今天的點心，剩下的你自己再想辦法。」

「謝謝葉大哥！你人真好！」我用眼神表達崇拜。葉大哥有些困窘的說：「我才不是什麼好人呢！」

葉大哥從冷凍庫取出冷凍的蛋白，開始解凍，利用解凍的空檔，他將麵粉秤重、過篩。過程中完全不用看食譜，看樣子葉大哥把作法全記在腦子裡了。好厲害！

「你打算用蛋白做什麼呢？」我忍不住提問。

「你猜呢？」葉大

哥惡作劇的笑了笑，然後將稍微融化的蛋白移到調理盆裡，先用打蛋器攪拌。「用冷凍的蛋白可以做出紋理細緻的蛋白霜，可是如果有水跑進去就沒辦法打發，所以要小心。」

「這是你的獨門功夫嗎？好厲害，可能連爺爺都不知道。」我深感佩服，冷不防突然想到一個問題：「葉大哥，你這麼有本事，為什麼還會來 Patisserie Fleur 工作？」

「哪有為什麼……」

「因為你有很多動作都跟爺爺一樣厲害，還知道很多事，明明已經不需要來這裡學習啦！」

「不不不，和主廚比起來，我還差得遠呢！」

也就是說，明明已經這麼厲害了，葉大哥還有別的理由要待在Patisserie Fleur嗎？

什麼是葉大哥想從爺爺身上學習的東西？莫非是……

啊！

「你也是為了『夢幻甜點』嗎？」我大叫了起來！

「嗯……算是吧！」說完，葉大哥又是一臉苦笑，他繼續打發蛋白，如雲朵般的蛋白霜在他手中逐漸成形。這項工作其實非常累人，但葉大哥看起來毫不費力，一派輕鬆地攪拌著。

我覺得他好厲害，繼續追問：「葉大哥的目標也是將來要開一家自己的店嗎？」因為過去來我們烘焙坊學習的員工都是這樣想的。

但葉大哥只是輕輕搖頭：「不是，我想讓先祖父的店重新開張。」

「真的嗎？那是一家什麼樣的店呢？」

他的夢想簡直令我跌破眼鏡，不過，一聽到是他爺爺的店……我覺得我們的距離變得更近了呢！

「該怎麼說呢……店裡有大受好評的招牌商品。」

「招牌商品？」

話才剛說完，葉大哥的表情突然變得有些陰鬱。我擔心他是不是太累了？沒想到葉大哥卻開口反問我：「蒼空的目標呢？你將來是不是打算繼承這家店呢？」

「嗯，只不過……」在那之前，我必須先達成另一個目標。「我現在的目標是製作『夢幻甜點』！讓大家吃到那道美味的甜點……吧！」

說到後來，我自己都有點懷疑，因為以我現在的程度，不知道是否能做得成呢？

「美味的甜點？你吃過『夢幻甜點』嗎？」葉大哥突然停止攪拌，雪白的蛋白霜從打蛋器的前端滴落。

「嗯！非常好吃喔！可是爺爺說他絕不會再做了，所以我一定要讓這道甜點重見天日！」我原本以為這是癡人說夢，但現在覺得說不定真的做得出來，如果可以和理花一起做的話……

我不經意地想起理花同學，這麼說來，好像已經有一陣子沒見到她了。我們原本約好在暑假的後半段要一起做甜點，但是再這樣拖延下去，我可能會食言。

想到這裡，我更著急了。

葉大哥繼續問道：「那是什麼樣的甜點？」他的語氣帶有一股壓迫感，可是當我看著他時，他卻笑得很平靜。

「我不記得了，因為我只有在很小的時候吃過幾次，只記得很好吃，其他的都不記得了。」

「如果吃到類似的甜點，你能想起來嗎？」

「那也要吃到才會知道。」

「說的也是。」葉大哥輕聲嘆息。

他看起來非常遺憾的樣子，我覺得很奇怪。不過，葉大哥馬上又開始動手攪拌蛋白霜：「差不多了，再來要加入麵粉。」

雪白的蛋白霜在打蛋器的前端拉出一絲直挺挺的尖角，葉大哥看著蛋白霜露出親切的笑容，這時候的他已經完全恢復平常的模樣了。

3 趕作業的讀書會

我來到 Patisserie Fleur 店門前，四周瀰漫著甜甜的香味。這是什麼味道？聞起來好香。

啊？莫非蒼空同學已經寫完暑假作業，開始練習做甜點了？如果是那樣就太好了！

我推開 Patisserie Fleur 的大門，只見到葉大哥站在店裡。也就是說，蒼空同學和爺爺在烘焙坊嗎？

「啊！理花同學，歡迎光臨。」葉大哥笑著說。

他長得很高、很帥，或許是因為表情十分柔和，臉上總是堆滿笑容，所以經常由他負責站櫃台。

「請問蒼空同學在嗎？」我望向後面的烘焙坊問道，葉大哥不由自主的露出苦笑，瞧了店門外一眼。

「他現在正在家裡和作業奮鬥。」

「什麼？」

……難不成……

「他一直吵著說『做不完了，不能去露營了』……理花同學，妳能幫幫他嗎？」

唉！預感總是好的不靈，壞的靈，我大失所望，有如洩了氣的皮球。

Patisserie Fleur 烘焙坊的後面，就是蒼空同學的爺爺家。暑假期間，蒼空同學的父母白天出門工作時，他都待在爺爺家。

爺爺家的屋頂是用瓦片鋪排，牆壁則是木頭砌成，看起來古色古香。只是，這間房子好像沒有門鈴，所以我只好敲了敲玄關前面氣派的門扉，沒有人應門。我想大概是屋子太大了，就算人在裡面也聽不到。

圍牆的對面有座寬敞的庭院，面向庭院的緣廊掛著成串苦瓜，像是綠色的窗簾，只見後面的窗子裡有一道人影，那個是……

蒼空同學？

「打擾了！」我小聲的說，緩步踏進庭院。

緣廊的窗戶「喀」一聲打開了，蒼空同學從裡頭探出一張憔悴的臉。

「你、你怎麼了？」

「理花，我……作業寫不完……」

順著他的視線看過去，偌大的桌上是堆積如山的講義，答案欄幾乎是一片空白！

媽呀！我吃驚得臉色發白。

「這些……只剩三天寫得完嗎？」

「……」蒼空同學低頭不語。

我很想為他加油打氣，但是我自己也是花了十天以上，才完成這麼多的作業。

「我平均每天花一個小時左右，總共用了十天。所以，如果你要在三天內做完……代表每天需要三個多小時……這樣應該來得及吧？」我試著幫忙解決問題。

聽到我這麼說，蒼空同學似乎大受打擊。

「三、三小時……那是理花才做得到吧？我恐怕得花更多時間。」

蒼空同學抱頭吶喊。

哇啊啊！這麼一來，不就不能去露營了？真是急死人了。我滿心期待能跟蒼空同學一起去露營！絕不能讓這種事發生！

「蒼、蒼空同學，我也來幫忙！我們一起加油吧！」我想也不想的脫口而出——

我大吃一驚！這、這不就等於是請他和我一起去露營嗎？

「真的嗎？得救了！有理花幫忙，一定很快就能寫完作業！」蒼空同學的眼神為之一亮。

燦爛的光芒又回到他的眼裡，有如晴朗的天空。事到如今，我也不能再反悔……我怎麼老是這樣？可是這麼一來、這麼一來……不就變成兩個人的讀書會嗎？

想到這裡，我的臉頰一下子變得滾燙！好一陣子沒一起做實驗了，所以就連一起寫功課都覺得好開心！

「那就拜託妳了！」

「嗯！包在我身上。那我先回去拿文具，還有寫作業要用的資料。」

我的內心雀躍不已，差點就要跳起來了，因為可以和蒼空同學一起讀書。我實在太興奮了，快步走回家拿了需要的東西，再次回到蒼空同學的爺爺家時……

「理花，這裡這裡！」

我目瞪口呆的看著蒼空同學的背後，寬敞的客廳裡，百合同學、奈奈同學、桔平同學，還有脩同學，大家都在。

這次班上報名露營的同學，全都聚集在這裡了。

「其他的人也得寫完作業才能去吧？所以我叫大家一起來！一起做一定比較快！」蒼空同學得意洋洋的說，我一時半刻反應不過來。

「怎麼啦？」

哇啊啊！我、我誤會了，好丟臉啊！我感覺全身的血液都集中在臉上，我為了掩飾自己的面紅耳赤，拚命搖頭。

「沒什麼，什麼也沒有。那就趕快開始吧！」我有點失望，但也鬆了一口氣。

因為只有我們兩個人的話，我一定會很緊張，甚至無法專心，大家一起開讀書會，對我來說，說不定反而是好事。

客廳裡擺了兩張大桌子，我們拆成三人一組開始分頭進行，我和百合同學、脩同學一桌。百合同學和脩同學的作業都完成得差不多了，只剩自由研究，另一張桌子是蒼空同學和桔平同學、奈奈同學。

奈奈同學的講義還沒寫完，桔平同學和蒼空同學半斤八兩，國字和算術的練習題幾乎一片空白，幸好自由研究要交的海報已經做了一半。

也就是說，六個人當中，蒼空同學還沒完成的作業最多。

「脩，一石二鳥……的漢字要怎麼寫？」桔平同學正在寫漢字練習題，他不知道已經問脩同學幾次了。

「用『一』顆『石』頭打下『二』隻『鳥』。」脩同學的視線落在筆記本上，頭也不抬的回答。

「是喔！那適材適所呢？」

「把『適』當的『材』料放在『適』當的場『所』……話說回來，你一直問我，這樣會進步嗎？」

「沒關係啦！而且你解釋之後，詞語變得更容易記了！」桔平同學「唰唰唰」的用鉛筆寫下來，重重的嘆了一口氣。

「好累啊！為什麼非得這麼拚命不可呢？我將來想成為足球選手，所以不用在意成績也沒關係吧？」桔平同學嘟嘟囔囔的抱怨，一旁的奈奈同學也附和。

「反正等長大以後，大家還不都是用計算機計算！像我的媽媽平常都用手機計算。對吧？」奈奈同學想獲得大家的認同，但我不知道該怎麼回答。

因為爸爸說過，現在所學都是為了將來奠定基礎，再怎麼喜歡的事物，也不可能一下子就學會困難的部分，所以要從簡單的部分開始學起。但這時如果說實話，似乎會破壞氣氛，所以我不敢多說什麼。

我正在這麼想的時候，桔平同學問蒼空同學：「蒼空將來想成為甜點師傅，不用認真學習也沒關係吧？」

我看著蒼空同學，捏了一把冷汗，不曉得他會怎麼回答？

蒼空同學愁眉苦臉的說：「那可不行，爺爺跟我說過：『不會理化和數學的話，就無法成為甜點師傅』。」

「欸？為什麼？」

「因為『料理即科學』，所以一定要學會計算份量，而且不懂化學反應的話，就無法做出好吃的甜點。」蒼空同學轉述爺爺經常掛在嘴邊的話，看起來十分自豪。

「桔平想成為足球選手吧？如果有朝一日出國比賽，不會講英語不是糗大了？我爸爸說過，漢字不行的人，英語也好不到哪裡去。如果有想做的事，應該就有努力向上的動力！我就是抱著這樣的想法，才開始認真加強理化和數學。」蒼空同學的發言引來桔平同學和奈奈同學的苦笑，但他們也點點頭，表示同意。

好了不起呀！能在不破壞氣氛的情況下，真誠地說出自己的想法，蒼空同學真是太帥氣了！我忍不住滿臉笑意，一轉頭剛巧與百合同學的視線對上。

只見百合同學嘻嘻地竊笑，小聲的說：「理花同學好可愛呀！」

「咦？」什、什麼？什麼意思？

我還在莫名其妙，百合同學已經起身對隔壁桌的成員說：「別偷懶！快動手。不是還有自由研究嗎？」聽到百合同學的督促，三個人頓時無力的低下了頭。

「啊！我向哥哥借了暑假自由研究的書！雖然有點舊，但應該還是能夠用來參考。」奈奈同學從包包裡拿出一本書，上面寫著《超簡單的暑假自由研究》。

這本跟我帶來的書不一樣。

蒼空同學、奈奈同學、百合同學湊在一起，翻閱桌上的書。

「哇！看起來好簡單。如果照著做，大概一小時就能完成了！」奈奈同學興高采烈的說，百合同學則露出如釋重負的表情。

我看了脩同學一眼，開口問道：「脩同學打算做什麼自由研究呢？」

我猜他肯定會選擇研究。

「我想繼續去年的研究。」

「去年的研究？」看見我一頭霧水，脩同學繼續補充說道：「我每年都會參加比賽。」

「比賽？」我忍不住大聲驚呼。

「我記得講義跟露營的報名表是一起發下來的。」

這麼一說……我想起來了！自由研究的講義上有寫著想參加比賽的人可以同時提出申請。比賽啊……聽起來好難？

脩同學笑著解釋：「雖說是比賽，但其實只是募集許多學生的研究成果。不過，想也知道，主要的參賽者都是對理化感興趣的人，所以每年都有許多很有意思的研究，我很期待，可以帶來很多啟發。」

對理化有興趣的人做的研究啊！好想看，感覺很有趣……我被他的話勾起了好奇，脩同學見狀立刻說：「**理花同學，要不要一起參加？**」

「什麼？」

我不禁愣了一下，看著脩同學，但脩同學卻盯著一旁，他臉朝向蒼空同學，嘴角浮現出挑釁的笑容。

我看了蒼空同學一眼，只見蒼空同學也惡狠狠的瞪著脩同學。

咦？怎麼了？我眨了眨雙眼。

桔平同學說：「不愧都是優等生！話說回來，我從以前就覺得你們兩個很配！」

什麼？你在說什麼呀，桔平同學！

「就是說啊，我也這麼覺得！」唯恐天下不亂的奈奈同學也跟著幫腔。

冷冰冰的空氣在我和蒼空同學之間流過，我都快急死了！拜託別再討論這件事了！特別是在蒼空同學面前！

「才、才沒有！我才不是什麼優等生。」

「可是理花同學很擅長理化，之前跟脩同學討論昆蟲時，你們的交流不是很熱烈嗎？」

哇啊啊！我下意識的偷瞄蒼空同學，他還是目不轉睛，死盯著脩同學不放，看起來不太開心……他沒有誤會吧？總、總之先轉移話題再說！

可是……要怎麼結束這個話題呢？

正當我束手無策時，百合同學說話了：「桔平同學、奈奈，你們不要再說了，沒看到理花同學很為難嗎？」百合同學出聲幫我解圍，讓桔平同學和奈奈同學露出不好意思的表情。

「抱歉。」桔平同學搔著頭道歉。

「我媽媽曾說過，開玩笑如果鬧過了頭，其實跟霸凌沒兩樣喔！」百合同學語氣認真地說。

「理花同學、脩同學，對不起！我剛才說得太過火了！」奈奈同學連忙道歉。

「沒、沒關係啦！」

我努力擠出笑容，難得氣氛如此融洽，不希望因為這種小事而使大家不愉快。

脩同學也立刻附和：「不要緊，我沒有感到為難。」

咦？這句話好像有點怪怪的……

好不容易這個話題告一段落，我正準備鬆口氣時，突然——

「我也要參加比賽。」蒼空同學丟出這麼一句，我聽了驚訝到說不出話。

我還以為討論已經結束了，他怎麼又沒頭沒腦冒出這個念頭？

「你連作業都還沒寫完，發什麼瘋啊？」桔平同學希望他面對現實，可是蒼空同學繼續堅持：「等我寫完作業，我也要做自由研究。」

哇！這就是所謂一說出口，四匹馬也拉不回來的意思嗎？我回想著截至目前為止，蒼空同學曾說過的話，不由得臉色發白。

沒錯！蒼空同學一旦下定決心，就絕對不會放棄，這點固然很了不起……但他真的能全部完成嗎？我不安的注視著桌上堆積如山的作業。

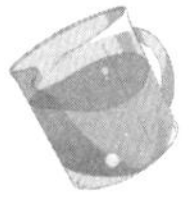

4 身邊的謎團

時間來到下午三點鐘，大家都認真地在做自己的功課，看起來進度十分順利。

「來吃點心吧！」蒼空同學率先開口，招呼大家休息一下。「理花，請你來幫忙！」聽見蒼空同學的呼喚，我起身走向廚房。

木頭地板的廚房收拾得相當整潔，有一張兩人座的小桌子，桌上擺著鬆鬆軟軟的蛋糕，香味撲鼻而來。

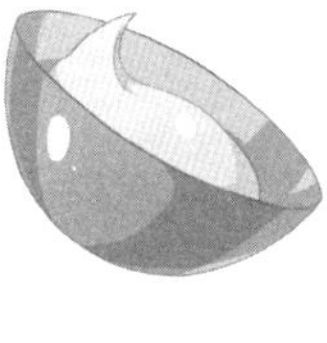

「哇！看起來很好吃的樣子！」

「這是紅茶戚風蛋糕。」

「咦？是你烤的嗎？」

「不是，是葉大哥送來的慰勞品。」

「真的嗎？」葉大哥做的蛋糕？我覺得好新奇，蒼空同學一臉疲憊的說：「因為爺爺給我出了難題，要我趕快把蛋白用掉。妳還記得嗎？上次我們製作卡士達醬的時候，不是剩下很多蛋白嗎？這個蛋糕就是葉大哥幫我消耗掉那些蛋白做的蛋糕。」聽完事情的前因後果，我這才恍然大悟。

的確是有這麼一回事！當時確實剩下一堆蛋白！因為捨不得丟掉，全都放進冷凍庫裡，結果忘記處理了。

「一定要在暑假結束前想辦法用完，所以我正在研究作法。」蒼空同學望向遠方。

堆積如山的作業、再加上爺爺出的難題、居然還要進行自由研究？感覺時間再多也不夠用！

「事情已經這麼多了，你還要參加自由研究的比賽嗎？」

「嗯。」蒼空同學不假思索的點頭。

「可是……沒問題吧？」

「沒問題，我一定會證明給妳看！」蒼空同學捧著切好的蛋糕，回到客廳時，只見大家正在研究奈奈同學向哥哥借來的書，內容是關於自由研究。

「我做這個吧。」

「那我要做這個！」

大家七嘴八舌的討論著，我也想加入。順勢看了旁邊的桌子一眼，脩同學正獨自翻閱筆記本。

「脩同學不用看嗎？」我問道。

「不用，我已經想好要研究什麼了。」他的筆記本裡面貼了許多植物的照片。

「那是什麼？好多照片。」我好奇的問他，脩同學笑著回答：「這是去年的自由研究筆記，我拍了很多家裡附近森林的植物照片，然後把它們做成圖鑑。」

「好厲害！」

「今年我打算利用露營的時間來做自由研究。對了，剛才的話還沒講完，理花同學，妳真的不想跟我一起做研究嗎？」

「欸？」

「我一直搬家，這是第一次搬到東邊，這裡或許還有些過去我沒看過的植物，我想要比較看看。」

「哇……這個主意很棒！」

沒錯，去森林露營時，一定能發現各式各樣的植物。課本有教過，即使只是在日本，但從寒冷的北海道到炎熱的沖繩，氣候差異很大，因此生長的植物也不一樣。

雖然這個研究題目聽起來很有趣，我感到心動，可是……

「抱歉，我還是想自己思考研究的題目。否則的話，這就不是我的研究，而是脩同學的研究了。」

脩同學苦笑，對我的顧慮表示贊同。

「我就知道妳會這麼說。不過

沒剩多少時間了，妳打算做什麼？」

「這個嘛……」我又翻看了一次自由研究的書，還是沒有頭緒。

過去和爸爸做實驗所看的書，書上並沒有寫出實驗的詳細方法。例如：在介紹豆芽菜的實驗時，也只寫著「試著培養豆芽菜」這種大方向的內容，至於要怎麼培養的詳盡細節，全靠自己摸索。

可是這本書從「實驗步驟」到「結果」都寫得一清二楚，看了反而沒什麼動力，不僅如此，我覺得如果只是照著這本書寫的步驟，好像就無法抬頭挺胸，驕傲的說這是自己的研究了……

可是……該怎麼做呢？脩同學說的沒錯，沒時間慢慢思考了。

要做什麼主題才好呢？我陷入苦惱，想起爸爸說過的話……對了，我記得爸爸說可以看看身邊不了解的事。

「生活周遭不了解的事？」我喃喃自語。話雖如此，眼前還是想不到什麼好主意。

5 昆蟲的寶庫

露營當天，一大早，陽光灑滿整片大地。時值盛夏，我們有點擔心天氣預報不準，但仍背著大背包，跳上巴士。

「蒼空同學、桔平同學、奈奈，功課都做完了嗎？」百合同學才剛坐下就開口問，所有人的臉上都堆滿笑容地齊聲回答：「當然！」

咦？那麼多的作業，真的都做完了嗎？好厲害！我忍不住盯著蒼空同學的方向看。

讀書會那天，他說他已經寫完一半的講義了，但國字和算術練習題應該都還一片空白才對。

不過，蒼空同學上車後只是坐在他的位置，看也不看我一眼，完全沒有注意到我在看他。總覺得……他好像在刻意避開我的視線？

好奇怪……真的沒事嗎？

巴士搖搖晃晃的行駛了一個小時，在歡聲笑語中，我們終於抵達露營區。露營的地點在森林裡，有很多樹蔭可遮陽，比學校和家裡更涼爽，可是蚊子好多！雖然我提前擦了防蟲液，但蚊子拍動翅膀的嗡嗡聲，還是令我很緊張。

「牠們知道有『食物』上門了。」義工大哥哥笑咪咪的說。

這可不好笑！

「好癢！我被叮了！」蒼空同學抓著臉頰。

定睛一看，他的臉頰已經腫了一包，看起來很癢的樣子！

「蒼空同學，我有藥喔！」我把藥膏遞給他，蒼空同學說了聲「謝啦！」笑得很開朗。

他的笑容彷彿從枝葉間透出來的耀眼陽光，令我心頭小鹿亂撞。

「蒼空同學果然好帥啊！」背後突然傳來竊竊私語的聲音。

我嚇了一大跳，轉過身，聲音的主人是——百、百合同學？好、好帥的意思是……明明前陣子一起做水果寒天的時候，她才說她不確定自己喜不喜歡蒼空同學，難不成她改變心意了？該不會……她還喜歡蒼空同學？

如、如果是這樣的話，事情豈不是會變得很複雜？

我像隻金魚似的，嘴巴一張一合，半晌說不出話來，百合同學見狀突然爆笑起來：「理花同學，妳真的好可愛呀！」

她該不會是在取笑我吧？

我的心臟快要跳出來了！好丟臉！「討、討厭啦！百合同學好過分！」

「同學們別玩鬧了，快拿起妳們的行李，要準備去小木屋了。」義工大哥哥打斷我們的對話，總算結束這一回合。

我鬆了一口氣。

「啊！」

走向小木屋的途中，脩同學突然一個人衝向草叢，手裡不曉得什麼時候拿著捕蟲網……等等，他是怎麼把捕蟲網帶來的？

「怎麼啦？」

大家都跟了上去！只見脩同學在一棵大樹前停下腳步，那是棵櫟樹，有一種昆蟲最喜歡這種樹的樹汁了。

難不成……我想也不想的衝上前去，脩同學回頭瞥了我一眼，輕輕踢了櫟樹一腳，我豎起耳朵，聽見有東西掉下來的細微聲響，往地上看，地上有很多鍬形蟲。

「哇！好多啊！」

鳥類是鍬形蟲的天敵，所以敲打樹幹會讓鍬形蟲誤以為鳥飛來了，牠們為了逃命，紛紛從樹上落下，脩同學就是利用這個特點。

「這裡真是天堂！」脩同學迫不及待地撿起鍬形蟲。「小鍬形蟲、大鍬形蟲……哇，還有深山鍬形蟲！」

平常看起來成熟內斂的脩同學，臉上難掩喜悅，真是難得呢！看到他這種表情，我才猛然想起，其實我們的年紀一樣大呢！

看到腳邊有好幾隻鍬形蟲，而且都好大隻！我也忍不住興奮起來，

這時身後傳來鬼吼鬼叫的聲音：「哇……這是什麼蟲？蚊子嗎？怎麼一

直跟著我！好噁心！」

回頭一看，桔平同學正拚命揮舞著帽子，想趕走頭上的小蟲。

我仔細觀察之後，冷靜地告訴他：「別怕，那是搖蚊。」

雖然搖蚊的名字裡也有個「蚊」字，但牠們其實是蒼蠅的同類，所以不會咬人，只是經常會成群在人類頭上盤旋。因為我也曾經碰過這個狀況，覺得很好奇，查了一下資料，發現牠們喜歡高的地方。

「妳知道好多自然知識啊！」桔平同學佩服的說。

「因為理花很擅長理化嘛！」蒼空同學眉開眼笑的說。

「為什麼是你一臉得意的樣子？」桔平同學一邊說著，一邊環顧四周。知道牠不會咬人之後，他看起來放心多了，不再亂揮帽子。但還是提心吊膽，東張西望的說：「這裡好像也有很多蜜蜂……」

這時，脩同學抓了一堆鍬形蟲回來，桔平同學一臉驚恐的問：

「牠們跟蟑螂有什麼不同？」

「蟑螂？你別亂說！不要讓我聯想到那個畫面！」百合同學氣急敗壞的抗議。

「可是真的很像嘛！」桔平同學叫了起來！

媽媽以前也說過同樣的話，但在我的眼中，兩者從形狀、顏色到動作都不一樣。明明有這麼多不同，可是不喜歡的人說什麼都聽不進去。

就像是對討厭紅蘿蔔的人說紅蘿蔔有多好吃，對方也聽不進去。

倘同學敵不過桔平同學嫌棄的視線，只好趕緊把鍬形蟲放進昆蟲飼養箱裡。就在這個節骨眼，百合同學問我：「理花同學喜歡哪種昆蟲？」

我眼珠子都快掉出來了！

因為我做夢也想不到，百合同學居然會問我昆蟲的事？不過，我覺得好高興。

「我喜歡吉丁蟲，還有飛蝗。」

「吉丁蟲……我有印象，但上次妳帶來給我看的時候，因為我怕蟲，覺得很噁心，所以沒仔細看。」

「這樣啊……」我可以理解她的心情，因為，如果不是喜歡的蟲，我也無法一直盯著看。「這裡現在應該沒有吉丁蟲。」

「不是隨處都有嗎？」

「昆蟲會因為季節跟地點而不同喔！這裡是森林，又有很多樹，所以比較多以吃樹汁為生的昆蟲。」

「像是剛才抓到的鍬形蟲嗎？」

我點點頭，看著脩同學的昆蟲飼養箱。

「妳要看嗎？」脩同學主動問她，百合同學有點害怕，但還是勇敢的點點頭。

脩同學從飼養箱裡拿出鍬形蟲，放在掌心，開心地介紹：「妳不覺得鍬形蟲的角很酷嗎？」

「聽你這麼一說……好像真的很特別。」

起初，百合同學和奈奈同學都有些排斥，但或許是逐漸適應了，感覺沒那麼緊張，居然還伸出手指，輕碰了一下鍬形蟲的角……

哇啊啊啊！**好開心！**

「感覺滑溜溜、硬邦邦的！如果是這種蟲的話，我應該可以接受！而且牠好像不太會動！」

雖然只是一點小變化，但我還是很開心。自己喜歡的事物能被他人了解，原來是這麼開心的一件事！

我望向桔平同學，心想他可能也會想摸一下，但桔平同學只是站在離我們有段距離的地方，完全不感興趣的樣子。

小木屋是用圓形木頭搭建而成的巨大建築物，裡頭分成男生的房間和女生的房間，房內的床是上下鋪，牆壁也是小木屋的風格，燈具則是油燈的形狀，感覺好像是森林裡的小屋！

大家興奮的整理完行李，回到廣場集合，蒼空同學、脩同學都很開心的樣子，唯有桔平同學的表情似乎有點憂鬱。

「怎麼啦？」百合同學關心的詢問他，蒼空同學替桔平同學回答：

「我們房間裡有一隻很大的蜘蛛。」

倏同學不以為意的聳聳肩。

「大概是這麼大。」他一臉沒什麼大不了的表情，還用指尖比出三公分左右的長度。

「蜘蛛就是蜘蛛啊！萬一是毒蜘蛛怎麼辦？」桔平同學似乎很怕蟲。

他討厭搖蚊，也不敢靠近鍬形蟲，甚至不願盯著蟲看。露營才剛揭開序幕，他這樣不要緊吧？

我有點擔心，此時，其中一位義工大哥哥走過來，對桔平同學說：

「你討厭蟲嗎？你是男生吧？太沒出息了！既然要出來露營，就不能怕蟲，振作點！」

「才不是，我不是害怕——」桔平同學聽了不禁動怒，不知不覺漲紅了臉。

唉，我就知道，可是……我覺得肚子那邊好像有小蟲在爬。因為……沒出息？因為你是男生？腦海中浮現出以前百合同學說過的話：

「居然喜歡昆蟲，簡直跟男生一樣。」

反過來說，男生就應該喜歡昆蟲，不喜歡昆蟲的男生很奇怪嗎？大哥哥的意思聽起來就是這樣，讓人覺得很不舒服。

朋友被人家說成這樣了，我怎麼能坐視不理？

可是……對方是大人，總覺得要反駁大人的話有點可怕。而且，想要反對人家的話，要怎麼說，才能適當的表達呢？

正當我欲言又止時，蒼空同學咯咯咯的笑著說：「會嗎？可是我也有點怕蜘蛛呢！就像桔平說的，萬一有毒怎麼辦？蚊子很吵，毛毛蟲更可怕！光看就覺得全身發癢！」

我原本因為緊張而變得僵硬的肩膀一下子放鬆下來，終於擠出聲音：「我、我也是。」我鼓起勇氣，順著蒼空同學的話打圓場：「我、我雖然很喜歡昆蟲，但也討厭毛毛蟲和蟑螂。」

「我也討厭毛毛蟲和蜜蜂，這兩種昆蟲太危險了。」脩同學接著說，就連百合同學和奈奈同學也跟著說：「如果是瓢蟲，我其實還滿喜歡的！瓢蟲很可愛！」

「我也有點喜歡剛才的鍬形蟲！有什麼關係嘛！每個人都有自己喜歡和不喜歡的東西！」

可能是沒想到會受到大家的圍攻，義工大哥哥慌了手腳，支支吾吾的說：「說、說的也是。啊！我突然想起來，還有別的事要忙！」說完，就逃跑似的走向小木屋。

原本低著頭的桔平同學睜大雙眼，看著大家，然後有些羞澀的笑著說：「謝謝你們！」

看到他的笑容，我很慶幸自己鼓起勇氣表達，因為桔平同學差點就變得跟我一樣了。

提出跟人家不同的意見時，雖然有點可怕，但關鍵時刻一定要忠於內心才行。

發現！理花的昆蟲講座

百合同學居然對原本害怕的昆蟲產生興趣了？我好高興！雖然這次沒能找到吉丁蟲，但是，總有一天，我想讓她再看一次！

爸爸以前告訴過我，昆蟲有各自固定的棲息地，愛吃樹汁的鍬形蟲也會聚集在幾種特定的樹上。

脩同學找到的樹是什麼樹呢？

動動腦想一想

依季節及地點而異，可以找到的昆蟲也都不一樣！因為昆蟲有自己喜歡的食物，與適合活動的氣溫。只要了解這點，就能找到想觀察的昆蟲！這麼一來，或許也能找到理花最喜歡的吉丁蟲。

在你的學校，以及住家附近，能找到哪些昆蟲呢？一起來研究看看吧！

※捕捉昆蟲的時候要小心，別受傷喔！

6 烤肉大會

這次夏季露營的目的，就是要進行各式各樣的挑戰，所以必須由自己張羅，各自完成各自的任務。因此，我們分成擅長和不擅長的組別。

蒼空同學、百合同學和奈奈同學負責準備烤肉的食材。桔平同學準備燃料，脩同學準備生火，我則負責煮飯，各司其職。

嗚……沒想到會變成這樣？雖然很遺憾，但也沒辦法。

我走向水龍頭，用飯盒洗米。這裡的水好像是井水，非常透心涼，

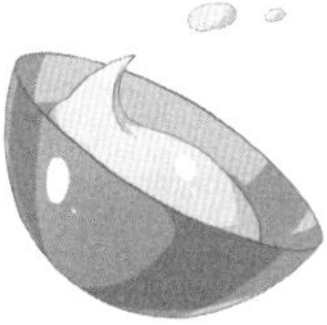

同時也很舒服，我調節水量，將原本白色渾濁的洗米水洗到近乎透明。

要準備給所有人吃的米飯，份量還滿多的，我跟同樣負責洗米的其他學校同學分工合作。準備期間，桔平同學搬來一些木炭和木柴。看樣子，烤肉要用木炭，煮飯則要使用木柴。

木柴堆在灶前，木炭則放在烤肉用的桌上。木柴似乎比較重，大家搬運得費九牛二虎之力，只有桔平同學輕而易舉就扛起木柴，毫不費力。

「那不是很重嗎？」

「還好啦！很輕很輕！」桔平同學還是老樣子，動不動就得意忘形，但這時看起來很可靠，好像看到他另外的一面了。

「先將木炭和木柴點火！小心！千萬別燙到！」準備好易燃物之後，負責生火的義工大哥哥提醒大家注意安全。

我們開始升火，工具只有火柴和木炭、木柴，如果直接對木炭或木柴點火的話，火一下子就熄了。

「哇，又熄滅了！」

當所有人都陷入苦戰時，負責升火的脩同學走向草叢，捧了一大把枯葉回來，那是呈鋸齒狀的杉樹葉，用杉樹葉點火，火一下子就點燃了，發出啪嘰啪嘰的聲響！

「好厲害……」

「杉樹葉有油，所以很容易點燃，最適合用來升火了。」

好神奇！脩同學果然很了解植物！

「脩，你真的什麼都知道呢！」桔平同學佩服得五體投地。此時，旁邊的同學也撿了葉子回來。

「這種葉子可以燒嗎？」

「可以，但一下子就會燒成灰，不太適合用來升火。」脩同學回答。

聽見他們的交談，其他學校的學生也爭先恐後地請教他。

「哇！那個男生好厲害！」

聽見有人讚嘆，心想大概是在說脩同學吧？回頭一看，卻看見蒼空同學大展身手，他正以熟練的動作切菜，不止快，大小也一致。換成是我，肯定會切得奇形怪狀，而且有大有小。

正當我心生佩服，看得入迷時，聽到有人喊我：「理花同學，可以把飯盒放到柴火上了。」

脩同學滿頭大汗的指著灶台，只見木柴燃起熾烈的火焰，燒得紅通通的，火很快就升起來了。脩同學也好厲害……「適材適所」這句話應該就是用在這裡吧！

我把飯盒放在烤網上，耐心等了一會兒，飯盒的蓋子縫隙開始咕嘟咕嘟的冒出泡泡。

「請放上有重量的石頭，避免蓋子掀開！」大哥哥戴著園藝手套，放上拳頭大小的石頭。「接下來請耐心等它發出飯煮好的香味。」

又過了好一會兒，飯盒不再冒泡，如同大哥哥所說，飯煮好時，會發出淡淡的香味。

好香啊……肚子餓了！

「接下來，請把飯盒從柴火上移開。」

「煮好了嗎？」

「還沒，現在才是重點，要再悶十分鐘！大家知道為什麼嗎？」

不知怎地，「為什麼」這三個字在耳邊迴盪著，我立刻想起來了！

對了，這就是身邊不了解的事。

爸爸說過，「為什麼」或「怎麼會」當中有許多可以研究的種子。

我感到好奇，稍微思考了一下，做甜點時，從烤箱裡拿出來的甜點有時候也要先擱置一下。

「是為了利用餘溫讓食物熟透？」我小小聲的說，大哥哥笑著說：

「妳連餘溫都知道啊？」

受到注目，讓我有點不好意思。

「這也是原因之一，另一個原因是悶十分鐘可以讓飯粒吸收裡面的水蒸氣，飯會變得更加鬆軟好吃。」

原來如此！真有意思！這麼聽下來，料理果然很像理化，我覺得好興奮。啊！還有一點，那就是「為什麼」這件事。如果自由研究可以朝這個方向研究或許會很有趣，可是煮飯和製作殿堂級的甜點好像沒什麼關係……

晚點再找蒼空同學討論吧！

飯煮好的同時，也開始烤肉了，蒼空同學、桔平同學、脩同學、百合同學、奈奈同學和我，再加上其他學校的四個女生圍著大桌子，桌上

擺著烤肉專用的工具，中間有放網子和木炭的地方。

由桔平同學幫大家升火的木炭正熊熊燃燒，放在上面的烤網擺滿了肉，滋滋的作響，還有蒼空同學切的高麗菜及青椒、紅蘿蔔、南瓜、玉米等蔬菜，五顏六色，看起來美味極了。

「烤肉的味道真是太香了……」蒼空同學拿著夾子，把肉放進我的盤子裡，然後再放一些到自己的盤子，在我旁邊坐下。

「看起來好好吃啊……」

我點頭如搗蒜。

盤子裡的烤肉上有烤網的紋路，令人食指大動，真的好好吃的樣子！

等到所有人都分到烤肉後，再異口同聲的說：「我要開動了！」

我將烤肉放入口，香味撲鼻而來。啊！好吃到下巴都要掉下來。

蒼空同學一下子就把烤肉吃完，然後熱心的夾著蔬菜，繼續放進大家的盤子裡。

「蒼空同學，換我來吧！你都沒空吃飯了。」我自告奮勇幫忙。

蒼空同學爽朗的笑著說：「沒關係，我喜歡為大家服務！」

我覺得他真了不起，其他學校的女生也有點不好意思，但都很開心的樣子，還有人交頭接耳竊竊私語。

那個男生好帥啊！

從她們的嘴型讀出這句話的同時，我感到與有榮焉，但突然也感到一股苦澀……咦，這種心情是怎麼回事？

正當我感到內心糾結，隔著烤網，坐在我對面的桔平同學突然冒出一句：「說的真好聽，蒼空，肉都被你夾走了！你該不會只是不想吃蔬菜吧？」

「被發現了嗎？其實我不敢吃青椒啦！」

這句話引來哄堂大笑，心中那股難以言喻的心情也鬆開了些。我重新打起精神，吃著蔬菜。玉米也有焦痕，烤焦的地方有點苦，但還是很好吃。南瓜和青椒烤熟之後的口感也很甜，真不可思議。

蒼空同學把蔬菜分配給大家後，回到座位上，邊吃南瓜邊說：

「烤肉真的好好吃啊！」

「跟在家裡烤的風味完全不一樣……」大家七嘴八舌地討論。

「對呀！就連飯也好好吃！這種『鍋巴』用電鍋煮不出來。為什麼會差這麼多呢？」

啊？又是「為什麼」——這是研究的種子！

想到這裡，蒼空同學又把肉移到我的盤子裡，香味撲鼻而來，讓我忍不住分心。不過，肉好好吃！我的胃被肉和蔬菜撐得飽飽的。

最後一道菜上桌了。

「最後是萬眾期待的甜點喔！」

「哇，是棉花糖！」

現場歡聲雷動。

咦？棉花糖？怎麼做？正當我感到不可思議時，大哥哥說話了：

「像這樣。」他示範著怎麼烤棉花糖，我則仔細觀摩他的動作。

這時，坐在斜對面的奈奈同學一臉興奮的說：「是烤棉花糖！每次我去露營的時候都會吃，烤得甜甜的，非常好吃喔！」

我竟然都不曉得棉花糖烤過會更好吃！

「點心的事包在我身上！」

蒼空同學一馬當先，他拿開烤網，將插著竹籤的棉花糖靠近炭火。

一群人圍著火爐，模仿他的動作。

只見蒼空同學轉動著竹籤，明明只看過一次，動作卻顯得很熟練，蒼空同學果然具有成為甜點師傅的天分！

我還在點頭佩服時，四周開始瀰漫著甜甜的香味……哇，好香啊！

「理花，給妳。」蒼空同學遞給我剛烤好的棉花糖。

這是烤給我吃的嗎？想到這裡，感覺心臟跳得好快。

「可以嗎？」

蒼空同學微笑著點頭，我突然覺得好高興，感覺他是為了我特地烤的……不過，內心也同時冒出一個聲音：別、別做夢了！怎麼可能。

我臉紅心跳的把棉花糖送入口中，頓時睜大了雙眼！外頭明明烤得很酥脆的棉花糖，裡面卻溶化了！

簡直是人間美味！太好吃了！

我大受感動，想向蒼空同學道謝，抬起頭來，隨即全身僵硬……因為蒼空同學正把棉花糖遞給其他學校的女生……

什、什麼嘛！

原本樂得飛上天的心情，頓時有如洩了氣的皮球。

蒼空同學對每個人都很體貼……

說的也是……他沒有理由只對我一個人好！明明早就知道了，卻還是覺得內心好像破了一個大洞。

「那個男生，剛才也分肉給我們對吧？」

「不只長得帥，個性也很好，簡直是完美！」

「他叫什麼名字？」

「是哪個學校的學生？」

耳邊傳來交頭接耳的竊竊私語，想也知道是在討論誰，我把剩下的棉花糖送入口中，明明很甜、很好吃，我卻覺得……**有點苦澀**……

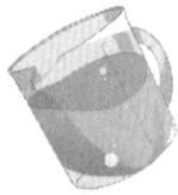

7 戀愛話題

晚餐後，大家興高采烈的圍著營火，開心地唱歌跳舞。活動結束才回到小木屋休息，輪流洗完澡後，便各自回房間。

晚上九點，準時關燈睡覺，負責巡邏的義工大姊姊前來巡視，確定大家是否都乖乖上床了。

我分配到上鋪的床位，剛關燈時，眼睛還不習慣黑暗，現在已經能看見天花板的圖案了。

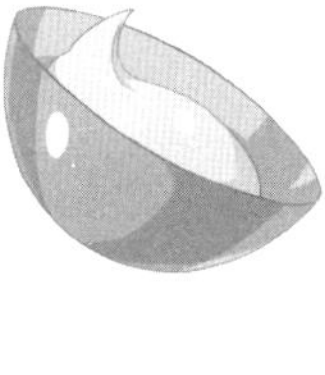

啊，比想像中還累！

當四周變得一片漆黑，我覺得好睏……

「理花同學！」百合同學的聲音令我啪地睜開雙眼，只見百合同學爬到上鋪，盯著我看。「別急著睡覺喔！」她壓低音量。

「可是……已經到了就寢的時間。」

「來聊點深夜才能聊的話題吧？」

「深夜才能聊的話題？」我愣住了。

「當然是戀愛話題啊！」

奈奈同學也探出頭來。「戀愛話題？」

「大家都在聊喔！」

我不由得坐了起來，四下張望，只見其他學校的人也都移動到朋友的床上，小聲聊天。

什麼，原來打算睡覺的只有我嗎？

我有點無地自容，百合同學爬到我的床上，奈奈也跟著上來。

「機會難得，來聊天吧！畢竟在學校沒什麼機會可以聊這些。」奈奈同學一臉淘氣的說，百合同學也點點頭。

「可、可是……」

要聊什麼？

看見我連一句話都說得吞吞吐吐，百合同學壓低聲音，噗哧一笑。

「奈奈一直很喜歡桔平同學吧？」

咦？我大吃一驚，奈奈同學嘆了一口氣。

「因為我們是青梅竹馬，又很聊得來。可是那傢伙一點也沒把我放在眼裡，不是嫌我塊頭太大，就是說我不適合穿可愛的衣服。嘴巴真的很壞，氣死人了！要是他的嘴巴可以不要那麼壞就好了。」奈奈同學語氣憤慨的說。

原來如此！這個全新的發現令我血脈賁張。

「百合呢？妳還喜歡蒼空同學嗎？畢竟妳是『外貌協會』的會長

嘛！」奈奈同學突然話鋒一轉，把我嚇出一身冷汗。

「嗯……我確實覺得蒼空同學很帥，但我對他已經沒有感覺了。現在對他的心態比較像是偶像崇拜，跟喜歡有點不太一樣……」百合說到這裡，看著我，笑得不懷好意。

啊……

「理花同學呢？妳也覺得蒼空同學很帥吧？」

來了！

戀愛話題丟到我頭上，嚇得我語無倫次：「我、我也覺得他很帥，該怎麼說呢？呃……」我詢問自己的內心，我從以前就覺得蒼空同學很

帥，也很崇拜他。可是，自從我們開始一起做甜點後，我覺得自己的心情好像有點改變了，因為我知道蒼空同學不是只有帥而已。

他其實粗枝大葉，又很頑固，還會突然橫衝直撞。可是內心很強大，積極進取，從不輕言放棄。我很尊敬、很喜歡這樣的蒼空同學，跟他在一起時很開心。

「我很喜歡他這個朋友。」這是最接近真實的心情。

可是……或許不完全是這樣，我對自己說出口的話有些難以釋懷。

「這次參加露營的男生，長得是不是都很好看？」耳邊傳來品頭論足的議論，我們同時摒住了呼吸，下意識的豎起耳朵。

「……負責生火的男生，兩個都好帥喔！」

我立刻想到倏同學和桔平同學，畢竟他們都大展了身手。轉頭仔細一看，奈奈瞪著眼睛，僵住了。

房間太暗，我看不清楚她臉上的表情，但是可想而知，她現在的臉色肯定很難看。

「兩個人都不是我喜歡的類型，但真的都很帥！一個看起來很聰明，另一個看起來非常有活力，顯然是運動健將。」

「我喜歡那個切菜的男生！感覺十分清爽，長得也很帥……」

咦？！她們說的人是……

「他還幫我烤了棉花糖。」

「不只長得帥，還很有紳士風度！」

「不知道是哪個學校的學生？要是在我們學校附近就好了。」

「就這麼分開也太可惜了，要不要問一下他的聯絡方式？」

「乾脆直接向他告白吧！」

女孩們的高聲談笑刺穿我的耳膜，聽得我心驚肉跳。剛才那句話是什麼意思？告、告白？這是想跟蒼空同學成為朋友的意思嗎？

我還沒從震驚中恢復過來，奈奈同學輕聲嘆息：「蒼空同學對所有的人都很體貼……這種習慣真是傷腦筋啊！」說完，她哈哈大笑，我卻控制不住緊繃的表情。

「妳沒事吧？」百合同學擔心的看著我說，我暗自心驚。

「沒事，我們……我們只是普通朋友。」但如果只是普通朋友，為何我會如此不安？

我試著想像了一下，假設……只是假設喔！假設蒼空同學心裡有了「**特別**」的女生，這麼一來，我們肯定不能再跟以前一樣，經常一起做實驗了，我再也不能待在他身邊了？心裡總覺得……總覺得……好討厭啊！

我私心希望我們能夠一直一起做實驗就好了……

「妳別擔心，蒼空同學超遲鈍的。」百合同學語氣輕鬆的安慰我。

咦，她發現我內心的失落了嗎？

「我、我才不擔心呢！我跟蒼空同學……只是朋友！」

百合同學，**妳誤會了啦**。

「對呀，別擔心！」

奈奈同學也一笑置之，彷彿沒聽見我的反駁。

天啊，她們都誤會我喜歡蒼空同學了！

「我都說是誤會了！」

我忍不住把被子拉到頭頂上，百合同學壓在我的被子上，笑得花枝亂顫，我聽到她說：「理花同學好容易害羞呀！」

「就是說啊！」奈奈同學也笑了，然後，突然想起什麼似的說：「對了！我認識一個女生，她之前就曾跟我抱怨過，說她都向蒼空同學告白了，結果他根本沒聽懂她的意思！」

「我怎麼沒聽過這件事？奈奈，快告訴我！」

「那個人是隔壁班的女生——」

欸？真的有人向蒼空同學告白嗎？而且他根本沒聽懂？我好奇整件事的來龍去脈，忍不住從被子裡伸出腦袋。

「所以說——根本不用擔心嘛！」

奈奈同學和百合同學故意壓在被子上，用開玩笑的方式鼓勵我。

可是……萬一蒼空同學心裡真的有個「特別」的人，一想到這裡，我就無法保持平常心……

8 研究的種子出現了

「哈啾！」

第二天早上，我被自己打的噴嚏吵醒。

「啊……」

百合同學和奈奈同學都在我的床上，蓋著我的被子，呼呼大睡，昨晚好像聊著聊著就睡著了。看著她們毫無防備的睡相，我不禁莞爾一笑。不管怎麼說，真的好快樂呀！

不過感覺好冷啊……森林裡的清晨都這麼冷嗎？我的喉嚨有點痛，吸著鼻涕，坐了起來，房間裡的其他人也陸續睡眼惺忪的醒來。看了一眼時鐘，已經六點半了，正好是露營通知單寫的起床時間。

「百合同學、奈奈同學。」我連忙叫她們起床，結果兩人醒來一看到我，奈奈同學就笑了。

「理花同學，妳的頭髮好亂！」

「真的嗎？」

我連忙按住自己的頭髮，但奈奈同學也好不到哪裡去，我也笑了出來。感覺我們之間的距離好像更近了……或許是因為昨夜促膝長談，分享彼此之間的祕密。我開心地想著這些有趣的互動，準備走去盥洗室洗臉。沒想到在盥洗室前面和另外三個男生不期而遇，彼此都嚇了一跳。

啊！盥洗室是共用的嗎？

「早安！」

蒼空同學露出爽朗的笑容。嗯，一大早就活力充沛。看到他跟平常無異的表情，感覺昨天的煩惱是我自己在杞人憂天。

「奈奈，妳的頭髮也太亂了！」

桔平同學立刻調侃奈奈同學，奈奈同學也指著桔平同學的頭說：

「你先去照照鏡子再來說我吧！」兩人鬥起嘴來。

我壓住亂翹的頭髮，不著痕跡的瞥了蒼空同學和脩同學一眼，他們也半斤八兩，兩個人的頭髮都亂得跟鳥窩一樣。脩同學一臉呆滯的模樣，看起來很沒精神。

「你還沒睡醒嗎？」我壓低音量問他。

「他們昨晚太吵了，我根本睡不著。」脩同學一臉無奈的抱怨。

我很好奇男生們都聊了些什麼……該不會也是戀愛話題吧？正當我嘴角微微上揚，便聽到蒼空同學興奮的說：「難得大家都一起來露營了，當然要打枕頭大戰啊！」

脩同學仰天長嘆。「他們最後還在房間踢足球，害我也一起挨罵，真是有夠倒楣。」

果然是蒼空同學會做的事，我不由得放下心中大石。

「足球？欸，好好玩！我也想一起玩！」奈奈同學一臉羨慕，真的好可愛，我忍不住噗哧一笑。

聽見我的笑聲，蒼空同學皺著眉頭問我：「理花，妳的聲音怎麼好像有點怪怪的？」

「有嗎？」

「這麼說來——啊，是因為我們一起睡的關係嗎？理花是不是著涼了？」百合同學露出擔心的表情。

我趕緊否認：「不是啦！是我自己晚上踢被。」她們才鬆了一口氣。

「啊！我有喉糖，等一下拿給妳。不會苦喔！」百合同學說。

「謝啦！」

我不經意的看到蒼空同學和桔平同學有些詫異的看著我們，啊，說的也是，百合同學總是和小唯同學、奈奈同學玩在一起，他們大概沒看過我們相處得如此融洽的樣子。

我們已經變成好朋友了！

因為我們一起做過甜點嘛！我覺得很開心，滿臉笑意，蒼空同學也對著我呵呵的笑。

他的表情顯然是在說：「太好了！」

上午是自由活動時間，大家一起玩躲避球，只有脩同學說他有別的事要做，便獨自跑進森林裡。

快樂的時光總是過得特別快，轉眼間，我們已經搭上回程的巴士，我和百合同學、奈奈同學並肩坐在巴士最後面的長條座位上，奈奈同學容易暈車，所以坐在靠窗的座位，我不怕暈車，則坐在正中央。

脩同學隔著一排空位坐在我前面，再前面則是蒼空同學和桔平同學相親相愛的並排坐著。桔平同學說他也容易暈車，同樣選擇坐在窗邊，他和蒼空同學有說有笑的邊吃零食邊聊天。

「我跟你說，棒球的電視轉播比較多！像是甲子園，一年就有兩次，春天和夏天。」

「足球也是啊，過年都會轉播！可見大家都愛看足球，所以絕對是足球比較受歡迎！」

看樣子，他們正在討論棒球和足球哪個運動比較熱門，可是這樣比得出來嗎？

我不經意的往旁邊看，倏同學靠近窗戶，正看著數位相機的螢幕，一臉喜悅。

「你拍了什麼？」我問脩同學，他眉開眼笑地朝我招手。我坐到脩同學旁邊，看著相機。螢幕裡有各種樹木的照片。「哇，好多植物的照片！」

「我要用這些照片來做自由研究。只要印出來，再加上說明文字就行了。我打算延續去年的報告風格，把這些照片做成圖鑑。」

「好厲害！這麼一來，你的作業不就全部寫完了嗎？」大家都在玩的時候，他居然同時完成了暑假作業？

「如果一起做，理花同學的作業也很快就能完成了。要不要助我一臂之力啊？」脩同學的建議令我心動不已，蒼空同學和桔平同學聽到我們的對話，從前面的座位轉過頭來。

「你說你完成自由研究了？真的還是假的？」蒼空同學不敢置信的說。

「不愧是秀才的脩。」

石橋脩的脩是秀才的脩……桔平同學唱起歌來。雖然字不一樣，但這句話似乎也沒

什麼毛病……我在心裡表示贊同，桔平同學看了我一眼，露出惡作劇的笑臉，「你跟同樣都是秀才的佐佐木理花同學很相配呢！」

啊啊啊啊啊！他又在胡說八道了！而且還當著蒼空同學的面？難不成他們都聽見脩同學剛才說的話了？

我緊張萬分，正要望向蒼空同學時，百合同學幫我主持正義：「桔平同學！不准再取笑理花同學！」

桔平同學的表情有些慌張，奈奈同學也罵他：「你不會說話就把嘴巴閉上！否則遲早有一天會沒朋友！」

桔平同學吐了吐舌頭，縮回前面的座位。

蒼空同學也一起回座，怎麼辦？……我好在意他的反應！

我從座椅的空隙偷偷看了他一眼，只見蒼空同學似乎有點不太高興的樣子。我的心情也變得很低落，回到自己的座位時，忍不住嘆了口氣。

「妳還好嗎？」百合同學憂心忡忡的問我。

奈奈同學也安慰我：「別把桔平說的話放在心上！」

啊？莫非我的失落都寫在臉上了？我很抱歉破壞了歡樂的氣氛，趕緊想轉移話題。「不、不是啦，我只是在想自由研究的主題！」

「哇！別讓我想起這件事！」奈奈同學吶喊，我在心裡暗叫不妙。

唉，選錯話題了！

「那我們來想點開心的事吧！」百合同學笑著說。

「我覺得昨天晚上很開心！」奈奈同學立刻回應。

桔平同學聽到馬上轉過頭來加入討論：「我喜歡枕頭大戰！」哇，明明剛才還在跟奈奈同學脣槍舌劍，他的情緒切換未免也太快了吧！

「蒼空呢？」

「我嗎……烤肉吧！我吃了好多肉！」

蒼空同學的表情與平常無異，我感覺自己得救了。

「理花同學呢？」

我稍微想了一下，回答：「棉花糖吧！」我第一次吃到烤過的棉花糖，美味得不得了！

「真的，為什麼烤過以後會那麼好吃呢？」百合同學不經意的附和，令我靈機一動！

「**為什麼**」這句話彷彿為我一直惦記的自由研究，拼上了最後一塊拼圖。

爸爸說過，「為什麼」是研究的種子！而且棉花糖還跟甜點有關。也就是說，或許可以跟蒼空同學一起進行自由研究？我對這個點子充滿期待，正想告訴蒼空同學時，心中突然覺得必須緊急煞車——

啊！不行！我想和蒼空同學一起做實驗的事是個祕密。要是被桔平同學知道了，肯定會像剛才那樣取笑我們，我才不要！可是——我現在就好想告訴他啊！

我強自鎮定，看了脩同學一眼，脩同學的視線還落在相機上，嘴裡念念有詞，然後是桔平同學，再望向奈奈同學和百合同學。很好，他們幾個還在熱烈討論露營的回憶，沒有人看過來這邊！

趁大家沒發現——

「蒼空同學。」我鬼鬼祟祟的喊他的名字，蒼空同學一臉意外的轉身看著我。

「什麼事？」

「我在想，或許可以把棉花糖當成自由研究的主題。」我看到蒼空同學的眼睛瞬間發亮。「像是烤過的棉花糖為什麼那麼好吃？」

「啊？」

「蒼空同學，你還沒決定自由研究的題目吧？而且這跟做甜點有關……或許能從研究中，得到如何做出『殿堂級的甜點』的靈感。」

「要不要一起做？」我邊說邊注意周遭，盡可能地壓低音量，蒼空同學似乎明白我的意思了，只見他用力點頭。

太好了！這麼一來，就能跟蒼空同學一起做自由研究了！而且他還跟我約定暑假的後半段要做很多甜點！

不久後，巴士就到達車站，每個人都有家人來接，各自踏上歸途。

蒼空同學跑到我旁邊，對我意味深長的一笑，小聲對我說：「如果是製作甜點加科學，說不定能在比賽中脫穎而出呢！」

「比賽？」什麼比賽？

蒼空同學高興地眉飛色舞，他看著走在前面的脩同學，又補了一句：「說不定還能打敗脩同學！這麼一來，豈止是一石二鳥，簡直是一石三鳥呢！」

我聽得雙眼發直。為什麼非要比個高下？而且還把事情鬧大，真是嚇死我了！而且，我又不是這個意思。我是說過要參加比賽，可是我只想和以前一樣，跟蒼空同學一起研究甜點而已！我只是想做出殿堂級的實驗而已！

我們的目標差太多了，令我暗自心驚。

可是看到蒼空同學充滿幹勁的說：「我一定要打敗脩同學！」當下，我實在說不出自己真實的想法。

9 — 在家烤棉花糖

第二天，蒼空同學背著大背包來我家的實驗室，手裡還拿著裝滿了棉花糖的塑膠袋。

「你會不會帶太多東西來了……」

「咦？理花，妳的聲音還是有點怪怪的，鼻塞嗎？」沒想到蒼空同學的觀察力這麼敏銳。

或許是因為那天晚上真的著涼了，我有些鼻塞，喉嚨也感覺有點腫痛，可是並不嚴重，我不想讓他擔心。而且他難得來我家，我也不想臨時取消。

「我沒事。」

「真的嗎？」

蒼空同學稍微放下心來，微微一笑，從背包裡拿出工具，井然有序地擺在桌上，他洗好手之後，俐落地穿上圍裙。

開始來**挑戰烤棉花糖吧！**

「問題是……我家沒有烤肉的那種炭火。」我突然想到這個問題，若說實驗室有什麼火源可用……我們一起望向卡式爐。

看來，只能用瓦斯爐的火了，我們將卡式瓦斯爐點火，烘烤插在叉子上的棉花糖……

「哇……烤焦了！」蒼空同學叫了起來！

可是烤肉的時候，他明明烤得得心應手啊？

我也試著烤了一個，可是一靠近爐火，棉花糖就縮起來，沒兩下就烤得焦黑。

「怎麼辦？一下子就烤焦了！」

一包棉花糖總共有二十個，這下子只剩下十八個，必須省著點用呢！

「如果用瓦斯爐的火，好像不能用烤肉的方法來烤……」

「我想起來了，爸爸說過藍色的火焰比紅色的火焰更熱、溫度更高，會不會是這個原因呢？」

蒼空同學拿出平板電腦，在搜尋欄位輸入「在家烤棉花糖」的關鍵字，隨即雙眼發光，說道：「好像可以使用小烤箱。」

嗯，值得一試！

「我去拿小烤箱！」我立刻向媽媽借來了小烤箱。

蒼空同學仔細看了看：「啊！機型跟我們家的不一樣，我們家的小烤箱只有轉盤，不能調整溫度。」

「這樣啊！」

我們家的小烤箱附有溫度調節功能，一般都設定在兩百三十度，網路上的作法寫著將棉花糖放在錫箔紙上，用小烤箱烤五分鐘。

「這也太簡單了吧！」

我火速抄下作法，因為平板電腦的使用時間只有三十分鐘！萬一等會兒還想查其他資料的時候，不能用就糟糕了。

我們放入四個棉花糖，按下小烤箱的啟動鍵。但願這次能順利！我在心裡祈禱，視線落在剛才烤焦的棉花糖上面。

蒼空同學說：「太浪費了，沒有烤焦的部分還可以吃吧！」他一口咬下棉花糖。「嗯，味道還可以……啊！烤成咖啡色的地方味道變了，

很好吃！」

我也稍微咬下一小口，但可能是鼻子塞住了，吃不太出來蒼空同學形容的風味。雖然變得酥脆了，但也就只是這樣而已。

叮的一聲讓我猛然回神，啊！我差點忘了小烤箱的事！趕緊打開來一看……

「又烤焦了。」蒼空同學垂頭喪氣的說。

呃……幾乎所有的棉花糖都烤成黑炭了，不同於前面用瓦斯爐烤的狀況，這次焦得很均勻。

我也覺得很失望。

「明明都照食譜去做……為什麼？」蒼空同學的低語令我回過神來。

為什麼？

這也是身邊不了解的事！是研究的種子！意識到這一點後，失望的感覺便消失了，興奮的感覺湧了上來，我目不轉睛盯著烤焦的棉花糖。

「那個……為什麼會烤焦，是不是因為烤的時間太長了？」就像烤麵包的時候，如果烤太久也會烤焦。

我看著小烤箱，腦中閃過一個可能性：「剛才你說我們家的烤箱和你們家的烤箱機型不一樣，對吧？假設製作這份食譜的人，家裡使用的是另一種烤箱，就不能用相同的時間來烤吧？」

「有道理……這麼說來，烤肉的火和瓦斯爐的火雖然都是火，但烤法完全不一樣。」

「我們先縮短烤的時間，試試看吧？」

蒼空同學點點頭，這次我們將時間設定為三分鐘，然後眼睛眨也不眨的盯著烤箱看了三分鐘。

叮！烤好的聲音響起，蒼空同學連同錫箔紙一起拿出棉花糖。

「嗯……」

這次棉花糖的表面只染上了淡淡的黃色，蒼空同學皺著眉，用叉子插起一個棉花糖遞給我，自己也將棉花糖送入口中，我們咀嚼著棉花糖，面面相覷，感覺……好像少了點口感。它既不酥，也不脆，裡頭也沒融化。這麼一來，跟沒烤過的棉花糖幾乎沒什麼差別，蒼空同學似乎也有相同的感想。

「好吃是好吃……但好像再烤一下比較好？」蒼空同學說完，就把剩下的棉花糖放回烤箱裡，再設定一分鐘。

一分鐘後，小烤箱發出「叮！」的一聲，打開烤箱門一看。

「哇！」

這次烤成剛剛好的咖啡色！

「就是這個！」蒼空同學用叉子插起棉花糖，送入口中。「好燙！」說是這麼說，但臉上充滿了吮指回味的笑容。

我也吃了一個，表面酥脆，裡頭有點融化，而且好甜啊！可是——

「這次的比較好吃，而且烤過以後好像變得更甜了，這是為什麼呢？」蒼空同學咬著棉花糖說。

「嗯……」

老實說，我感受不到上次烤肉時吃到的那種感動，口感完全不一樣。

我覺得味道跟烤三分鐘的時候沒什麼不同，這是為什麼？

「肯定比剛才烤三分鐘的時候更甜！」蒼空同學再次強調。

或許是吧……

我不置可否的點頭附和，將話吞下肚，因為將來要當甜點師傅的蒼空同學都這麼說了，一定不會錯，味道這方面輪不到我表示意見吧？

我喃喃自語：「也就是說，加熱時間會影響甜度嗎？」

「不只如此，溫度可能也有影響。剛才那些棉花糖雖然烤焦了，但也很好吃。」

「來驗證一下吧！」

「要驗證什麼？怎麼驗證？」

我想了一下，我想做這個實驗的時候第一個想到的問題，那就是**烤過的棉花糖為什麼那麼好吃？**如果要簡單扼要地說明……

「我們現在要探討的是，什麼原因讓棉花糖的味道改變了，對吧？既然如此，應該把剛才做的棉花糖實驗步驟分得更細一點。」

「更細一點？」

我翻開筆記本，開始畫表格。「剛才烤五分鐘會焦、三分鐘又不夠甜。於是烤了三分鐘後再烤一分鐘——發現四分鐘剛剛好。」

蒼空同學是這樣說的，對吧？

「還有，用瓦斯爐烤焦的棉花糖也別有一番風味。」蒼空同學說。

老實說，這部分我不確定，我問他：「蒼空同學認為變甜了，那麼烤四分鐘跟烤焦的甜度有差嗎？」

「呃……」蒼空同學陷入沉思。「可能是因為烤焦後有苦味，所以感覺更甜了？」

我同意這個猜測，認為這些細節之後可以再仔細檢查。

「這次把時間分成沒有烤過——也就是零分鐘、一分鐘、兩分鐘、三分鐘來比較吧！」我拉出兩個欄位，在上面那欄寫下加熱時間。零分鐘、一分鐘、兩分鐘、三分鐘、四分鐘……還有不小心烤焦的五分鐘。

「原來如此，看起來很有實驗的樣子！」蒼空同學也贊成。

我們打算利用這個表格展開驗證，進一步取得數據。

10 紊亂的研究成果

「完成了！」

可是……蒼空同學睜大眼睛，凝視桌上的表格說：「妳會不會覺得……好像有點空虛？」

我也有同感，點頭附和，因為結果只有一行，感覺有點孤單。而且有個令我在意的地方，我看著一開始用瓦斯爐烤焦的棉花糖，跟後來用烤箱烤五分鐘烤焦的棉花糖，感覺二者之間有點不太一樣。

用瓦斯爐烤焦的棉花糖烤得很不均勻，顏色很深，有些地方甚至像黑炭，我猜是因為爐火的溫度和小烤箱不一樣。印象中，爐火可以超過一千度，而小烤箱只有兩百三十度。也就是說，或許與烤的溫度也有關係。如果是這樣，必須將「溫度」也加入驗證的項目才行。

還有……我盯著蒼空同學寫的「甜度」欄位。上面分成「普通」、「甜」、「有點甜」、「非常甜」、「又苦又甜」，嗯……

蒼空同學嘆口氣說道：「明明感覺實驗本身花了好多時間，可是結果卻毫不起眼，而且沒有研究的成就感……」

「沒有研究的成就感？」

「你不覺得這種研究，根本沒辦法拿出去給人看，毫無說服力嗎？」

嗯……好像也是。也就是說，看到這張表的人，並不會產生恍然大悟，獲得「原來如此啊！」的感覺。

我思考著原因出在哪裡？有了，只要跟其他實驗的表格比較看看，或許就能找出答案。

我翻開自己的實驗筆記，翻到鬆餅實驗的表格，上面記載著攪拌次數的欄位，盯著三十次和兩百次的數據，靈光一閃，再回頭看一遍棉花糖的甜度欄位。

「因為結果不是數字嗎？」

如果是數字，大小一目瞭然，既然如此，不能用數字來表達甜度嗎？

想到這裡時，蒼空同學說：「如果用數字來表示甜度呢？比如用五個階段來區分，像是不甜的話就是零，非常甜的話就是五？」

這麼一來，確實會變成數字……我看著筆記本，陷入沉思。因為僅只是我和蒼空同學試吃，我們兩個人的感想就已經不太一樣了。

「每個人對甜的感覺都不一樣，就算我們都覺得很甜，別人可能不一樣，五分甜的甜度對喜歡吃甜的人，可能只有三分，還有，就算我們覺得不甜，對於不喜歡甜的人來說，可能也有三分的甜度。」

「這樣啊……也有道理。」

而且，我覺得好像離題了，我們原本想知道的是「烤過的棉花糖為什麼那麼好吃？」

「我問你喔，『好吃』跟『好甜』是同一件事嗎？」

我想到一個重點。

「什麼？」

「我們當初決定自由研究的主題是，烤過的棉花糖為什麼那麼『好吃』？可是現在表格裡面卻只寫了甜度。」

聽我這麼說，蒼空同學也陷入沉思：「『好吃』不等於『好甜』嗎？」

我有種陷入僵局的感覺，但又隱隱覺得……只要能夠好好地整理出頭緒，就可以做出非常有趣的實驗。這個念頭令我躍躍欲試，可是，到底該怎麼做才好呢？

正當我認真思考時，身旁的蒼空同學嘆了一口氣說：「再這樣下去，就無法在比賽中獲勝了。」

他的話讓我的心臟漏跳了一拍……在比賽中獲勝？原本躍躍欲試的心頓時消了下去。

我不喜歡「獲勝」這兩個字，蒼空同學每次只要強調這兩個字時，我就擔心他是否忘了「製作殿堂級甜點」的初心呢？如果這個實驗只是為了贏得比賽，我會很難過的。

可是，即使目標不同，我們還是能一起做實驗。

我想做好這個研究的想法從頭到尾都沒有改變，我不想要交出模稜兩可、驗證不明確的自由研究。

「難道不能整理成更乾淨俐落，讓人一目瞭然的結果嗎？」蒼空同學喃喃自語，準備要打開平板電腦找方法，我突然想到一個好主意。

「蒼空同學，要不要去圖書館？或許能找到教我們如何整理研究資料的書。」我想起爸爸說的話：「有些資料上網就查得到，也有些資料不適合，想仔細研究的時候，還是書裡寫得比較詳細喔！」

而且我也想知道「好吃」與「好甜」之間的關係，想要把這個問題仔細弄清楚。

「圖書館啊……」蒼空同學一副興趣缺缺的樣子。

「怎麼了？蒼空同學，你不喜歡圖書館嗎？」

「我很少去，太安靜了，反而讓人靜不下心來。」果然是蒼空同學會說的話，我不禁莞爾一笑。

看一下時間，發現圖書館快要閉館了，所以我們只能約好明天再去。

11—到此為止？

第二天，早上一起床，我就覺得頭好痛，不但喉嚨有點腫，身體也好重。慘了！該不會感冒了吧？

可是我跟蒼空同學約好了，因此，還是得打起精神前往圖書館。明明還沒中午，可是一過十點，馬路就變得好燙，自己就像平底鍋裡的鬆餅，唔唔唔……快被烤熟了！要烤焦了啦！就連呼吸也感覺有點困難，但圖書館肯定很涼爽吧。而且就快到了，加油！

我把草帽的邊緣盡量往下拉，加快腳步，走向圖書館。如我所預料，圖書館裡十分涼爽。

或許是因為外面太熱了，一進入圖書館裡面，我甚至覺得有點冷，就連寒毛都豎起來了。

蒼空同學已經站在大廳等我。「我提早到了，所以先稍微找了一下資料。」他把懷裡的書展示給我看。

「啊！是那本《超簡單的暑假自由研究》！」跟奈奈同學之前帶來給我們看的是同一本書。

我提議去閱覽室，那裡有桌子。蒼空同學附議：「好啊，去閱覽室看資料，那裡也比較涼快！」

規劃給小朋友看書的閱覽室，附近有童書繪本區，所以裡面總是很熱鬧，在那邊談話比較沒關係，只要音量不要太大就好了。

我們坐下來，翻開那本書，尋找關於整理研究資料的方法。

咦？

我翻書的手停在半空中。

「蒼空同學。」

「怎麼啦？理花，妳的臉色好難看啊？」

「你看這個。」

蒼空同學看到我翻開的那一頁，表情頓時凝固在臉上。

「加熱砂糖所造成的變化？這個……也太像了吧？」

豈止像……簡直一模一樣！我怎麼會漏掉這個實驗呢？那是把溶解在水裡的砂糖，經由加熱，觀察顏色及味道變化的研究。不同的加熱溫度會改變糖水的顏色、形狀及味道，書上還附了照片，原本無色透明的糖水，逐漸變成咖啡色的樣子，像極了棉花糖燒焦的外觀。

居然是如此簡單的實驗？

在我看來，這本書總結了棉花糖實驗最重要的部分，意思是……

我們的實驗徹底輸了。

這個事實讓我大受打擊，腦袋彷彿被重重的搥了一拳，動彈不得，感覺我們的實驗完全遜色了。

蒼空同學似乎也有同感，默默地看著那本書。「這樣不行，不能提出這種研究報告。」

蒼空同學的語氣裡夾雜著嘆息。「大家會說我們只是在模仿，而且就連我也看得出來，這本書的水準比我們高太多了。」

蒼空同學大失所望，垮著肩膀，我也同意他的判斷，明明是我們自己想出來的實驗，然而書上卻已經有了，這件事對我們是很大的打擊。

再怎麼努力，我們兩個小孩能發現的一切，或許都寫在這本書裡了……

我好不甘心，眼淚都要流出來了，自以為是世紀大發現的實驗，結果根本不值得一提，再這樣下去，不曉得何年何月才能做出殿堂級的實驗？正當我們走投無路的時候——

「咦？」耳邊傳來聲音，我抬起頭來，脩同學就站在我們跟前。

「脩？」

脩同學一臉意外的說：「你們在這裡做什麼？」他看起來很驚訝，但我對脩同學出現在圖書館一點也不意外，因為，即使是平常學校上課時，放學之後，他也總是在圖書室度過，我猜，就連暑假也不例外。

「呃……我們來討論自由研究的事情。」蒼空同學支吾其詞。

他大概不想承認實驗失敗了吧？我也不想。

脩同學看了一下自由研究的書。「這是……砂糖的實驗？」

我故意轉移話題：「對了，脩同學來做什麼？」

「我也是為了整理自由研究的資料來圖書館。」脩同學一邊回答，一邊將手裡的筆記本遞給我。「我很滿意這次的報告。」

我翻開用厚紙板做成封面的筆記本，裡頭貼滿植物的照片，每一頁都有一張照片，照片底下寫著說明文字。

「這是上次拍的照片嗎？」

「不是，上次拍的照片在後面，這是搬家以前在福岡拍的照片。」

「福岡？」

「福岡算是日本的西邊吧？這裡是東邊，所以，我想兩地的植物應該不太一樣。研究之後發現，果然長了很多不一樣的樹，這次我打算先整理到這裡。」脩同學指著說明文字解釋，上面寫著這裡經常可以看到的植物種類。

好厲害，我打從內心感到佩服，剛才的打擊被沖淡了一點。

「這個就算拿去參加比賽也絕對不遜色，大家一定會很驚豔！」我脫口而出的對他表達讚賞。不僅如此，這本圖鑑如果有在賣，我真想買一本！

脩同學看了蒼空同學一眼，然後把視線拉回我身上說：「對了，如果還有時間的話，我也想研究一下昆蟲。既然長的樹不一樣，食物自然也不一樣，棲息在樹上的昆蟲應該也不一樣。要不要一起研究？」

聽到昆蟲二字，我情不自禁地心動了一下。

聽起來好有趣啊……

可是……我搖搖頭，因為我已經決定好研究的主題了。再說了——

我才不要半途而廢。

「謝謝你找我一起研究，可是我想自己再努力一下。」

被我拒絕，脩同學有些遺憾的聳聳肩，然後看了自由研究的書一眼，說道：「妳應該以自己擅長的領域一決勝負才對。」

「什麼擅長的領域？」

「現在這樣太不像妳了，更何況——」脩同學還想說些什麼的時候。

「理花，我們走。」蒼空同學打斷他的話，抓住我的手往外走。咦，蒼空同學不想聽一下嗎？脩同學的意見肯定會有所幫助啊！

看見我有點為難，脩同學又聳聳肩，丟下一句：「我先走了。」就轉身離開。

12 輸贏真的那麼重要嗎？

我只能眼睜睜地看著蒼空同學與脩同學針鋒相對，蒼空同學為什麼要打斷脩同學呢？如果想好好做研究，一定是請教脩同學的意見會比較好啊？我凝視著蒼空同學，只見蒼空同學有些不開心的說：「快回實驗室吧！」然後一溜煙的離開圖書館。

「等、等一下。」

我急忙把書放回書架，然後往外走，只見蒼空同學一臉不耐煩地站

在門口等我。

可是才踏出大門一步，夏天的熱氣迎面而來，令我有點喘不過氣，不由得停下腳步。

「快走吧！沒時間了，我才不要輸給那個傢伙！」蒼空同學急不可耐的催促著。

可是我的腳卻黏在地上，動彈不得，因為太熱了嗎？不，不對。一股奇怪的感覺湧了上來……

「我才不要輸！」

啊，原來如此。

我討厭這樣，再怎麼樣也忍不了了。因為我突然明白，比起如何讓研究更為完善，蒼空同學似乎只在乎能不能贏過脩同學？

「理花？」

我彷彿要被從天而降的熱氣壓扁了，熱到呼吸困難。

好不容易，緩過一口氣，哽在喉嚨的話就這麼脫口而出：「**誰贏誰輸……真的有那麼重要嗎？**」明知不該再說下去，但我就是管不住自己，繼續說著：「我根本不在乎比賽。」

蒼空同學一臉不可置信的表情，好像我說的是外星人的話。

「什麼？」

「我……我只是想跟蒼空同學一起做『殿堂級的甜點』和『殿堂級的實驗』罷了！」

沒想到事情逐漸脫離我的初衷，我真的好難過，難過得不得了！明明是難得的暑假，做實驗明明那麼開心，現在感覺一切都變調了……

「如果做實驗只是為了『贏』，那我不想做了。」

蒼空同學一臉茫然的站在原地，周圍突然變得靜悄悄，只聽見蟬「唧唧」的叫聲，腦門熱得彷彿有火在燒，感覺……好像被關進了烤箱……

頭好暈……

眼前突然一陣黑，我連站都站不住，連忙蹲下。

怎麼了？頭隱隱作痛。

「理花!?」蒼空同學飛也似的衝上前來，眉頭深鎖，觀察我的表情，然後把手貼在我的額頭上——

「好燙……妳發燒了！」蒼空同學驚呼。

「有嗎？」

「快上來！」蒼空同學背對著我蹲下。

「什麼？」

「我背妳回去。快點上來！比起叫妳父母來接你，這樣快多了！更何況我也不能留妳一個人在這裡！」

「咦？可是，我很重，你背不動啦！我可以自己走。」不料，我一抬頭，腦袋就隱隱作痛，好想吐，整個人站都站不穩。

看見我這副模樣，蒼空同學直接抓住我的手臂：「別逞強了！」

我被他的氣勢說服，小心翼翼地把手搭在他的肩膀上，蒼空同學緩緩站起來，他的背比我想像的更加寬闊，涼涼的，感覺好舒服——伴隨這種感受，我突然覺得好放心，一下子就放鬆了全身的力氣……

「啊……好熱啊！」

我被自己乾巴巴的聲音吵醒，發現自己躺在床上。

現在幾點了？

我坐起身來，想看現在幾點，發現明明是夏天，我卻蓋著被子，難怪這麼熱？

看了看時鐘，時針是指著九點的。天還亮著，所以是早上九點嗎？

等等，我怎麼會這個時間還在睡覺？

或許是聽見我的聲音，媽媽衝進來，把手放在我的額頭上。

「啊，終於退燒了……太好了。」

「……退燒？」

「醫生說妳感冒了。」媽媽邊說，邊遞給我一杯水。我突然覺得好渴，接過水杯，一飲而盡。喝下透心涼的水，腦袋總算清醒了一點。

這麼說來，我似乎被帶去看了醫生……雖然不是記得很清楚，但我還隱約記得頭痛欲裂、噁心想吐的感覺。覺得自己好像做了一場大夢，分不清哪邊是夢境、哪邊是現實？

「妳這孩子，不舒服要說呀！真是的！媽媽很遲鈍，妳沒說我是不會發現的！幸好有蒼空同學送妳回來，不然妳就慘了！」

我這才反應過來。

「蒼、蒼空同學送我回來？」

所以說——我不是做夢!?

回憶一點一滴的湧上心頭，我羞紅了臉。因、因為……好像是蒼空同學背我回家的？

我只記得他的背好寬、涼涼的，然後就什麼都不記得了！同時，我也想起失去意識前的對話，不由得大驚失色。

「我根本不在乎比賽。」

「如果做實驗只是為了贏得比賽，那我不想做了。」

我居然對蒼空同學說了這種話！很可能會因此惹惱了他！不是可

能，他一定氣死了！

「蒼、蒼空同學有沒有說什麼？」

媽媽搖頭。

「他只是拚命道歉，跟妳說了好幾次對不起，然後就回去了，明明是我要向他道謝才對。」

「跟我道歉？」

這是怎麼回事？

我不解的反問，耳邊傳來門鈴響起的聲音。

「來了。」媽媽去開門，我聽到她慌張的說：「你、你等一下喔！」

然後回到我的房間。

「理花，蒼空同學來看妳了！」

咦？

咦咦咦咦咦——

我頓時滿臉通紅。

「他說無論如何都有話想跟妳說……妳覺得呢？」媽媽也有點不知所措的樣子。

我也不知如何是好，不過，我也有話想跟他說。我想向他道謝，也想向他道歉。

「我也有話想跟他說。」

下一秒，我低頭看見自己的模樣，臉色瞬間鐵青。哇！不行！因為我穿著睡衣！而且滿身大汗！

「我、我換個衣服，請他稍等一下！」

媽媽笑著說：「那我請他先在客廳裡坐一下。」

13 — 和好如初的果凍冰

我很快地換好衣服，再請媽媽帶蒼空同學進來。蒼空同學一踏進我的房間，立刻向我低頭道歉：「理花，抱歉！」

「咦？」我錯愕極了，我以為他在生我的氣！

「呃？這句話應該是我要說的吧？我對你說了不客氣的話，還說我不想做實驗了——」

「不，是我不好！」蒼空同學打斷我的話。「被你提醒，我才發現我太在乎勝負了，完全沒考慮到理花的心情，抱歉啊！」

聽到這句話，我覺得自己好愚蠢！居然以為蒼空同學會生我的氣？這不就表示，我認為蒼空同學聽不進別人的意見嗎？難道我不相信他嗎？這對他來說，好像太過分了。

我正在反省時，蒼空同學遞出保冷袋。「這是探病的禮物，我昨天做的，請妳享用！」

探病的禮物？我的腦袋完全跟不上，打開袋子，我驚訝的睜大了雙眼。

「這是……」袋子裡是加入整顆草莓的果凍，而且還結冰了……是果凍冰！

我好感動，幾乎要喜極而泣了！因為從這個果凍裡可以感受到蒼空同學的心意。這是以「殿堂級的甜點」為目標，我們一起做的第一道甜點——科學的果凍冰。

我想蒼空同學是透過果凍冰在告訴我，他並沒有忘記要做出「殿堂級的甜點」這件事，而且，草莓是我最喜歡的水果。

我想起之前我們一起做甜點的時候，蒼空同學對我說過的話，不由得有點害羞。

「萬一理花生病了，我會做妳喜歡的東西給妳吃。」蒼空同學果然說到做到。

吃下一口果凍冰，透心涼的感覺在嘴裡散開來，酸酸甜甜，好好吃。我好高興啊，胸口滿是感動，一句話也說不出來。蒼空同學看到我的反應，有些靦腆的笑了。

「其實我啊……一直很擔心……萬一比賽輸了，理花是不是會改變心意和脩一起做實驗？所以很著急。」

什麼？

「桔平不是說過嗎？『同樣都是秀才的兩人很相配』。雖然不想承認，但我也覺得，跟我比起來，理花和那傢伙比較相配……可是！我也想讓大家覺得理花和我才是最佳拍檔……我到底在說什麼呀，亂七八糟，遜斃了！」

最、最佳拍檔？

這句話令我頓時面紅耳赤，蒼空同學也不好意思的別過頭去。

原來如此，原來蒼空同學很在意桔平同學說的那句話，所以才會突然說他要參加比賽！殊不知，我早就決定要跟蒼空同學一起做實驗了。因為我覺得蒼空同學的興趣跟我截然不同，跟他一起做實驗，世界會變得更加開闊。

我想到這裡，又想到一件事。

這麼說來，我好像沒說過……**為什麼要跟蒼空同學一起做實驗**？啊！我告訴過脩同學，卻沒對蒼空同學說！可、可是如果要當面告訴他的話，實在太害羞了，因為那就跟**告白**沒兩樣不是嗎？

我想起露營那天晚上跟百合同學、奈奈同學聊的話題，怎麼也無法保持平常心。

「妳覺得他很帥吧？」

才、才怪！才不是那樣的。才沒有這回事！可、可是有誤會一定要好好解開才行！

「聽我說，蒼空同學。我、我想跟你一起做出『殿堂級的甜點』，因為那也意味著我可以做出『殿堂級的實驗』……我一直相信是這樣的。」我只能點到為止了。

嗚嗚嗚嗚，他應該不會想到別的地方去吧？

啊，感覺又要發燒了！

正當我開始胡思亂想時，蒼空同學接著說：「也就是說，我們是最佳拍檔嗎？」

最佳拍檔？

聽起來好厲害！感覺非常「特別」！我用力點頭，蒼空同學也開心的露齒一笑，但隨即繃緊了臉上的表情。

「但是話說回來，我們又回到原點了。」

啊，說的也是！

我想起圖書館發生的事，心情十分低落。明明是我們自己想到的，而且是經過實驗驗證後的結果，但看起來卻像模仿書上寫的內容，真不甘心，讓我覺得自己的研究根本沒什麼了不起。

當時的打擊又一股腦兒湧上心頭，我好想哭，這種研究報告絕對無法交出去。

既然如此，**該怎麼辦才好呢！**

我陷入沉思，蒼空同學不經意地開口說：「脩的研究好精彩啊！雖然很不甘心，但也不得不承認，那傢伙真的很厲害。啊！早知道就乖乖地請教他的建議了，都怪我沉不住氣。」聽見蒼空同學語重心長的說，我突發奇想。

等等，「建議」？

「妳應該**以自己擅長的領域一決勝負**才對。」我的腦海中浮現出脩同學的這句話。

擅長的領域？等等，之前好像也有人說過這句話……

「妳不是有自己擅長的領域嗎？」耳邊同時響起爸爸說過的話，我忍不住大聲嚷嚷：「蒼空同學，我想到了，就是這個！在我們擅長的領域一決勝負吧！」

「咦？擅長的領域？」

「說到我們擅長的領域？」

「料理！」我們異口同聲說。

書上寫的是用「砂糖」做的「理化」實驗，可是我們的題目是「烤棉花糖」這道「料理」，或許我太侷限於料理等於理化的想法了。

料理確實與理化有異曲同工之妙，但「像」歸「像」，兩者終究還是不同的東西，是不一樣的學問！

所以烤棉花糖這個題目，應該有我們才能完成的研究。

「脩說他承襲去年的研究題目對吧？那我們也只要深入研究烤棉花糖的題目不就行了？」

「深入？怎麼深入？」

「現在才要開始想！反正還有時間！」我看著月曆，暑假還剩下一星期。相信只要全力以赴，一定可以辦到。

我感到躍躍欲試，忍不住握緊拳頭。

「不過，這一切都要等妳完全康復再說喔！」蒼空同學咧嘴一笑。

看到他充滿自信的表情，我也覺得現在放棄還太早了。

14 「好甜」與「好吃」

第二天，我的身體已經完全康復了。蒼空同學來確認我的狀況後，我們便直接前往實驗室，翻開實驗筆記。

「這是我去圖書館借來的。」

蒼空同學帶來的書，正是我們前天在圖書館看到那本自由研究的書，翻到砂糖實驗那一頁，上頭寫著加熱的溫度會讓糖水產生什麼樣的變化，我的胸口隱隱作痛。

「好險！要是沒有注意到這個實驗，我們可能就直接交出去了。」

蒼空同學一臉不甘心的說。

我倒不是這麼想，可是也沒有勇氣反駁。

看見我不說話，蒼空同學說：「啊！妳是不是又把話吞回去了？」

一語中的！蒼空同學在這方面真的特別敏銳呢……

我心裡有數，明知有時候就是得說出自己的意見。我想起露營那天，為桔平同學向大哥哥抗議的事。可是，要提出與別人不同的意見，真的需要很大的勇氣呢！

見到我這個樣子，蒼空同學輕聲嘆息。

「我說妳呀！人與人之間有不同的意見是自然的事。各自提出意見來討論，肯定能做出更好的實驗。而且，如果只採納我的想法，不就等於是我一個人的實驗嗎？既然我們是合作的拍檔，就應該坦白說出自己的意見才對！」

我們是拍檔？

這句話給了我勇氣！有道理，就算我提出反對意見，蒼空同學肯定也能接受，因為我們是拍檔！

「呃……那個，我跟你相反，反而希望能夠更早知道有人做過這個實驗。因為這本書跟奈奈同學帶來我家的是同一本。要是跟大家寫功課的時候就全部看過——要是一開始就知道這件事，肯定能做出更與眾不同的研究吧？」

現在回想起來，我那天在圖書館裡受到打擊的原因，除了已經有人做過相同的研究外，還有「千金難買早知道」的懊悔心情。

「這樣啊！所以學習真的很重要呢……」蒼空同學感同身受。「妳的意思是，要是早點知道這件事，不僅不會失敗，還能反過來利用它，做出更完美的實驗對吧？至於要怎麼早知道——不是看這本書，就是由別人告訴自己——也就是所謂的『學習』？」

這真是了不起的發現！

要是早知道，要是早學習——就能利用這個研究走得更遠！既然如此，根本沒必要失望嘛！

想通這一點後，我居然有點感動，也就是說，只要反過來利用這個砂糖的實驗不就好了嗎？

我突然充滿幹勁！

「現在開始也還不遲吧？」蒼空同學說。

「就是說啊！可是——要怎麼強化我們的實驗呢？」而且還要做出我們自己的特色。

我指著筆記本的標題，繼續說：「我覺得烤過的棉花糖為什麼那麼好吃，這個問題很有趣。」我回憶剛想到這個題目時，那種興奮、期待的感覺。想到自己是因為覺得有趣，所以才要做這個實驗的初衷。現在也覺得很有趣，不想放棄這個主題。

冷不防，「好吃」二字吸引住我的視線。不知道為什麼，我無法移開視線。

以前也有過這種感覺，感覺……像是在告訴我，提示就藏在這裡面。

我兩眼專注地盯著這行字，蒼空同學也靠過來，然後喃喃自語似的說：

「這麼說來，妳是不是說過，『好甜』不等於『好吃』嗎？」

「普通」、「甜」、「有點甜」、「非常甜」、「又苦又甜」，看著之前寫在紙上的甜度比較，我想到一件事。

「對……『好甜』確實不等於『好吃』！」舉例來說，單吃砂糖也會覺得「甜」，可是並不會感受到吃甜點時的那種「好吃」！

「說的也是……我分不清『甜』、『有點甜』、『非常甜』這些的『好吃』標準差別在哪裡？大概是因為我只注意到『甜』的部分。」

「老實說……我也搞不太清楚甜度的差別……」我說。

「怎麼不早說！」蒼空同學嘆了一口氣。可是立刻轉換了心情，在嘴裡嘀咕：「問題是，這跟『好吃』有什麼關係？」

「再做一次實驗看看吧！這次要把重點放在『好吃』。」

蒼空同學也表示同意。

我們拿出剩下的棉花糖，並借來小烤箱，一切準備就緒，將棉花糖分成不同的時長烘烤。

「咦？」

吃著烤好的棉花糖，我側著頭說：「好好吃！我覺得烤五分鐘的棉花糖最好吃！很像烤肉時吃到的棉花糖！」

「真的嗎？確實很甜……可是有差那麼多嗎？」蒼空同學嚇了一跳。

我也不是很確定，又吃了一口，恍然大悟。「我明白了！」

「嗯？」蒼空同學一頭霧水。

我難掩激動的說：「因為烤焦了！」

「可是作法都跟上次一樣啊！為何這次妳能說得這麼篤定呢？」

我已經完全了解，上次跟這次有什麼不同了。「上次實驗的時候，我鼻塞……所以最大的差別在於味道！」

「味道……嗎？」

「燒焦以後，味道完全不一樣了！」

「哇，我都沒發現……妳好厲害！」蒼空同學興奮的說。

我想起露營時的情況，小聲驚呼：「這麼說來，烤肉的時候也是，烤焦的香味特別迷人。」

「還有煮飯的鍋巴！原來關鍵是焦香味……我懂了！」我被他的大嗓門嚇了一跳！

蒼空同學推開椅子站起來，轉身往外走。

「怎麼了？」我連忙跟上去，蒼空同學邊跑邊說：「我家還有很多烤到微焦的甜點！或許能帶來一點提示，我們去店裡吧！」

15 同樣的東西，不一樣的想法

葉大哥一個人在Patisserie Fleur的櫃檯忙碌著，爺爺呢？我往店裡的方向看，發現爺爺正在一旁接待客人。

葉大哥看到我，大吃一驚。「咦，妳感冒好啦？」

他怎麼知道我感冒？

葉大哥莞爾一笑，說道：「因為蒼空難得卯足了勁做探病點心，還說他要做出世界無敵好吃的甜點。」

我下意識的望向蒼空同學，只見蒼空同學漲紅了臉。「我的事不重要啦！葉大哥，店內今天有烤布蕾嗎？」

烤布蕾？

陌生的甜點名稱聽得我一頭霧水。

「烤布蕾的原文是法文『烤焦奶油』的意思喔！」蒼空同學得意的告訴我關於甜點的知識。

葉大哥也笑咪咪的點頭。

「我剛剛才做好今天客人追加的訂單，放在冷藏冰得差不多了。」

葉大哥說道，從冰箱裡拿出一個托盤，上面的小盅裝著澄黃色卡士達醬。

「啊！這是填入螺旋麵包的奶油嗎？」我自以為聰明的說，葉大哥搖頭回答。

「不是，配方跟用來做螺旋麵包的奶油不一樣喔！這個加入了鮮奶油，烤的火候也不一樣。如果要比較，它的口感更接近布丁。」

咦？同樣的卡士達醬竟然還有不同的作法啊？果然行家一出手，便知有沒有。

「不過，接下來才是最大的差異喔！」葉大哥說完，將砂糖撒在卡士達醬上面，然後拿起噴槍。

「很危險，你們稍微往後退一點。」葉大哥點燃噴槍，直接火烤小盅。

哇啊啊啊！

瓦斯的藍色火焰噴了出來，氣勢驚人，砂糖熔化了，開始咕嘟咕嘟的冒著泡泡，逐漸變成咖啡色，周圍瀰漫著香味。

啊，就是這個味道！

跟棉花糖烤焦的味道一樣……

我跟蒼空同學不約而同地互看了一眼。

「請享用。」葉大哥笑容可掬，連同湯匙將烤布蕾遞給我。

「咦？可以嗎？」

「當然！我有多做幾個，就當是慶祝妳痊癒的賀禮吧！」葉大哥的笑容讓我看得出神。

一旁的蒼空同學見狀，不太高興的催促著：「你快點吃吧！」

我回過神來，急著就要將湯匙戳進烤布蕾裡。沒想到——

「好硬！」

「因為它的表層變成糖果了，請敲碎再吃。」蒼空同學豎起湯匙，用力的敲破烤焦的表面。

我也有樣學樣，與奶油一起送入口中……

「好好吃！」我驚訝極了！

甜甜的砂糖帶了點苦澀，與風味柔和的奶油十分對味！「雖然很像布丁，但又別有一番風味……」

這就是專業的味道！好吃到下巴都要掉下來了。

蒼空同學也吃得津津有味。「冰冰涼涼的好好吃！」

一點也沒錯！現在是夏天，再也沒有比透心涼的甜點更美味的食物了！我先嘗了一口有奶油的部分。

嗯，搭配烤焦的表面，味道就完全不一樣。

接著，我只挑烤焦

的部分吃，只吃烤焦的表層感覺有點苦，這種焦香味實在太迷人了，怎麼會有這麼大的差別？……這種香味要怎麼製造出來呢？

看見我滿頭問號，葉大哥笑咪咪的問道：「瞧妳吃得一臉茫然的樣子，有什麼問題嗎？」

「啊！不好意思。我很好奇這個烤焦的部分……」

仔細想想，人家請我吃東西，我卻是這種反應，真的太失禮了！

我急著想要解釋，葉大哥笑著說：「沒關係，這也是實驗的一環吧？這種變成咖啡色的狀態稱為『焦糖化』。」

這已經不是第一次了，我覺得葉大哥的笑容很溫柔、很迷人，給人很溫暖的感覺。

正當我還在想著葉大哥給人的印象這件事，只見蒼空同學沒好氣的說：「上次那本書也有提到『焦糖化』喔！」

「啊！沒錯！」

「妳在發什麼呆呀？是不是感冒還沒好？」蒼空同學看我的眼神流露出一絲擔心。千萬不能讓他誤以為我在逞強，他大概會很生氣吧？

「沒、沒這回事！」我連忙拿出筆記本，找到之前抄寫那本書中關於砂糖實驗的內容。

蒼空同學逐條念出筆記本上面的記錄：「103～150度是糖漿的狀態、

115〜121度會變成牛奶糖、140度則是太妃糖、165度是黃金糖、165〜180度會變成焦糖醬、190度會焦糖化。如果把顏色與溫度也一起列進來考慮的話，烤棉花糖和烤布蕾這個燒焦的部分就是所謂的『焦糖』嗎？」

我點頭附和。

我們目不轉睛的盯著筆記本看了好一會兒，蒼空同學和我同時開口：「可以用其他狀態的砂糖做出什麼樣的『甜點』呢？」

「變成焦糖的時候，會產生什麼樣的『變化』呢？」

咦？

我們不禁大眼瞪小眼，因為我們明明看著同樣的東西，想的方向卻完全不一樣。

葉大哥噗哧一笑。「你們兩個都好厲害啊。」

什麼意思？哪裡厲害？

不知道葉大哥在讚嘆什麼，我看著他，葉大哥以柔和的音調回答：

「如果你們能夠各自解開自己提出的謎團，組合起來不就是非常厲害的自由研究嗎？」

「各自解開自己的謎團？」我從未想過這個可能性。

「製作甜點也是同樣的道理，既然你們有兩個人，比起一起做一件事，不如各自專攻自己擅長的領域，不是更有效率嗎？就像我和主廚擅長的項目不一樣，所以才能分工合作。」葉大哥舉起烤布蕾，上頭有非常美麗的焦痕。

這時，爺爺的聲音從店裡傳來——

「我一個人就能搞定全部！」

我不禁笑了出來，原來爺爺也在聽我們說話啊！

蒼空同學看起來很高興的說：「也就是說，我負責製作甜點？那我就來研究配合砂糖的加熱程度，可以分別做出什麼樣的甜點……試著做做看！」

「既然如此，我就負責科學的部分？我來調查焦糖化時，會產生什麼樣的反應！」

好像突然看見曙光了！真是好神奇！

我有點感動，葉大哥充滿興趣地說：「這個計劃聽起來好好玩，需不需要幫忙？我覺得我可以教你們很多事喔！而且，蒼空不是還有主廚交代的事要做嗎？」

「糟糕了！我忘得一乾二淨了！」蒼空同學抱頭哀號。

我也忘了！想起這件事，我嚇得臉色發白。他是不是**完全忘了蛋白的事**？暑假只剩下沒幾天了，來得及嗎？

葉大哥笑得像是快要斷氣般地誇張：「想起來了嗎？還是讓我幫忙

比較好吧？」

雖然很感謝他的好意，可是……應該答應嗎？要是有葉大哥的幫忙，肯定如虎添翼，不過……我想盡可能靠我們自己的力量完成。只是人家都主動說要幫忙了，也不太好意思拒絕吧？

我偷偷的看了蒼空同學一眼，蒼空同學悄悄地搖搖頭。

我想起來了，沒錯。表達自己的意見也很重要！我看著蒼空同學，語氣篤定的說：「因為是我們自己的實驗——」

聽到我起了個頭，蒼空同學立刻接著說：「我們要自己做！」

葉大哥點頭表示讚許。「說的也是，如果把別人的成果當成自己的

成果，那也太卑鄙了。」

這句話讓我愣了一下。卑鄙？

這種話實在不太適合從彬彬有禮的葉大哥口中說出來，蒼空同學也露出有些詫異的神情，可是葉大哥彷彿什麼事也沒發生過的稱讚我們：

「靠自己的力量思考這些真的很了不起，加油！」

16 有朝一日

鐘聲從學校的方向傳來，我和蒼空同學同時抬頭。此刻，我們正在圖書館查資料。

「理花，妳弄好了嗎？」

「嗯，你呢？」

「我好了，一起走吧！」

我們一起把書放回原位，然後離開圖書館。

經過葉大哥的提示，我們決定分頭進行。由我負責研究焦糖化——加熱砂糖時，產生的化學變化。蒼空同學則負責思考當砂糖處於糖漿、牛奶糖、太妃糖、黃金糖、焦糖醬、焦糖等各種不同的狀態時，可以做出什麼樣的甜點？然後再一起實作。

在那之後，我們陸續一起做了一些糖漿、牛奶糖、糖果、布丁的焦糖醬。雖然沒辦法做出非常講究的成品，但我們仍盡最大的努力。

終於到了今天，我們要進行最後一個階段——製作「焦糖」狀態的甜點。這個實驗也是最初研究的主題「烤過的棉花糖為什麼那麼好吃？」的終點。雖然之前曾做過一次，但我們決定再做一次。

為什麼呢？因為我想拍照。

看了脩同學的研究，我覺得拍成照片更容易讓人理解。肉眼雖然看不見「好吃」的程度，但只要附上照片，相信會更有說服力。

糖漿及牛奶糖的照片已經拍好了，再來只剩下烤棉花糖。我迫不及待的想要打開桌上的棉花糖，結果被蒼空同學出聲阻止：「等一下，今天要用這個！」

蒼空同學帶來一個巨大的保冷箱。

「那也是棉花糖嗎？」

被我這麼一問，蒼空同學笑得眼睛都瞇起來了。

「不是，是製作棉

花糖的材料！」

「材料……你會做棉花糖嗎？」

我只看過超市賣的棉花糖，Patisserie Fleur 也沒賣棉花糖，所以完全無法想像。

聽到我這麼說，蒼空同學笑逐顏開。「是不是？我也沒想到在家裡就可以做。重點是，很難想像要怎麼做吧？」

「嗯、嗯！」我猛點頭。

我一直以為棉花糖要在工廠製作，就像口香糖那樣。還有，感覺這些東西都不像食物，吃起來卻那麼好吃，真不可思議！

「既然都研究到這個地步了，我就想從棉花糖開始做，所以研究了一下。妳猜材料是什麼？」蒼空同學惡作劇似的笑了。

居然考我？

我稍微想了一下，棉花糖白白的、軟軟的，咬下去很有嚼勁……麻糬嗎？這是我能想到最接近的答案，可是一點信心也沒有！

「我投降！」

看見我舉起白旗，蒼空同學好像很高興的樣子。「答案揭曉——主要的材料居然是蛋白、砂糖和吉利丁！」

「吉利丁是什麼？」

「吉利丁就是上次用來做果凍冰的果凍粉！」

「什麼？」意想不到的材料令我大吃一驚！「這麼說來，全都是以前用過的材料嘛！」

如此一來，過去實驗的知識與經驗也能派上用場了！

蒼空同學點點頭。「我想趕快來做做看，還帶了一堆蛋白來。」

「蛋白？」啊！爺爺給他的作業！

「還能消耗蛋白！是不是很棒？」

「太棒了！這麼一來還能完成爺爺出的作業。」

簡直是一石二鳥！蒼空同學笑得合不攏嘴。「快點來做吧！」

蒼空同學拿出平板電腦和筆記本，材料都寫在食譜筆記本裡面。

「我瞧瞧……首先是材料！吉利丁粉十公克、砂糖一百公克、水一百毫升、一顆蛋白、香草精……這是用來增添香草氣味的材料吧？香草精少許、玉米粉一包左右……啊！玉米粉是從玉米萃取出來的粉末。」蒼空同學一面說明帶來的材料，一面測量各自的份量。

「①把吉利丁和一百毫升的水倒進鍋子裡，泡漲之後備用。」我將吉利丁倒進鍋子裡，加水。

「②將玉米粉鋪在方形淺盤裡，鋪滿一至一點五公分的高度，然後挖出二十個直徑三公分左右的凹槽。」

「③用小火加熱鍋子，溶解吉利丁。」

蒼空同學邊說邊打開瓦斯爐的火，加熱鍋子，可以看到吉利丁逐漸溶解，水也變得濃稠。

「④等吉利丁溶解後，再溶化砂糖，完全溶解後就可關火。」

我把砂糖交給蒼空同學，蒼空同學把砂糖倒進鍋子裡。只見砂糖逐漸溶解，待砂糖全部溶解後，關掉瓦斯爐的火。

「⑤把蛋白倒入乾淨的調理盆中，攪拌到可以拉出直立的尖角。」

「什麼角？」這個陌生的詞彙聽得我一頭霧水。

蒼空同學笑著說：「妳等下看到就知道了。」他握住打蛋器，開始打發蛋白，發出「夏卡夏卡」的聲音，透明的蛋白逐漸產生泡沫。

咦？

過一會兒，調理盆中的蛋白變成渾濁的白色，泡沫也逐漸變得細緻、雪白。

哇啊啊，好神奇！

蒼空同學的眉頭開始往中間靠攏，看樣子是手酸了。

「累了嗎？要不要換我來？」

「不用，我可以！這也是我走向甜點師傅這條路必須做的！」蒼空同學認真的說。

我心想，蒼空同學真的很可靠啊！

過沒多久，他突然停止攪拌，舉起手中的打蛋器，只見上面沾滿了白色的泡沫。

「這就是『角』。」滿頭大汗的蒼空同學，見怪不怪地指著泡沫形狀。

「原來如此……」前端確實有如直挺挺的尖角。「好像動物的角。」

「就是因為很像動物的角，所以才稱之為『角』吧？」

「原來如此！」

這個發現令我們相視而笑。

「接下來是第六個步驟。」我替蒼空同學念下去：「⑥分次將④

一點一點的加進打發的蛋白裡。也就是說，要加入溶解的吉利丁和砂糖液體嗎？」我念念有詞，把鍋子裡的液體倒進調理盆，蒼空同學則負責繼續攪拌。

「⑦加入香草精，再稍微攪拌一下，趁著還很黏稠的時候，用湯匙舀起來放在玉米粉上。」我和蒼空同學一起將調理盆中的材料舀起來，放進方形淺盤的玉米粉凹槽裡。

「哇……好像史萊姆啊！」蒼空同學喊著。

沒錯！觸感軟中帶Q。還有，是因為加入了吉利丁的關係嗎？它也有點像果凍。

「⑧最後再放進冷凍庫裡冰鎮！這樣就結束了嗎？」

「還沒有完成，要等到它凝固，質地不再軟爛之後，把它翻面。」

蒼空同學說。

「大概需要幾分鐘呢？」

「五分鐘左右就可以看一下樣子……或許比想像中還要簡單。」

「可是攪拌好像很費力？」

「那點小事算不了什麼。啊！如果有手持攪拌棒就更輕鬆了，不過爺爺常說要用打蛋器才能進行細部的微調……」蒼空同學有些疲憊的樣子，他甩甩手，隨即露出燦爛的笑容。「如果想做出『殿堂級的甜點』，就連細節也不能馬虎呢！」

每次聽到「殿堂級的甜點」，我總覺得好開心。有道理！我們的目標可是完美無缺呢！怎麼可以妥協！

「差不多了吧？」

蒼空同學打開冷凍庫，取出方形淺盤，用手輕碰，表面變硬了，翻過來的背面也變硬了。

「啊，看起來確實很像棉花糖！」

蒼空同學將它們重新放回冷凍庫裡，我突然想起上次做果凍的時候，感到有點疑惑，因為上次光是冷凍就花了兩個小時。

為什麼時間差這麼多？我翻閱筆記本查看：加入糖漿的份量其實差不多。但是製作果凍時，果凍粉——也就是吉利丁的使用量是六公克。可是製作棉花糖時卻用了十公克！多了接近一倍！

「難道是因為吉利丁的用量比果凍多嗎？」關於這點，必須另外驗證才能知道。

聽我這麼說，蒼空同學佩服的表示：「原來如此，不愧是理花！」害我有點不好意思。

「差不多了吧。」蒼空同學邊說，邊打開冷凍庫，棉花糖已經完全凝固了。

「完成了！」我喊了起來！

「還必須烤過……但先吃一個看看吧。」我贊成蒼空同學的建議！

哇，這是我第一次品嘗剛做好的棉花糖，跟店裡賣的一樣。口感鬆軟，還帶有彈性，真不可思議，可是又有點像果凍。

「好好吃！」

「冰涼涼的，很美味呢！」

成功做出棉花糖，讓蒼空同學樂不可支。

「接下來，進入正題吧！」

我們要來準備烤棉花糖了。

「今天或許就能完成自由研究！」蒼空同學雙手握拳，充滿自信的說。

我也有同感。加上今天，暑假只剩下兩天，希望今天能完成實驗與查找資料，明天再來統整報告。

蒼空的藍天甜點教室

在家裡也能輕易做出鬆鬆軟軟的棉花糖！

材料

- 吉利丁粉……10克
- 蛋白……1顆
- 水……100毫升
- 玉米粉……1包
- 砂糖……100克
- 香草精……少許

1. 把吉利丁倒進鍋子裡，用水泡漲。
2. 將玉米粉鋪成約1～1.5公分的高度，挖出20個直徑3公分左右的凹槽。
3. 用小火加熱①的鍋子，依序溶解吉利丁和砂糖，溶解後關火。
4. 把蛋白攪拌到可以拉出直立的尖角。
5. 分次將③倒進④的蛋白裡。
6. 用湯匙舀起加入香草精的⑤，放進②的凹槽裡。
7. 放進冷凍庫裡，讓表面凝固變硬。

完成

超級不可思議的口感！各位是否也大功告成了？失敗的話，記得要「驗證」喔！

※料理時要先跟家裡的人報備喔！

「應該沒問題。」我說。

「嗯！加油吧！」

我們跟上次一樣用小烤箱烤，不知道會不會烤焦，沒想到——

「哇……這是什麼？」

看到從烤箱裡拿出來的棉花糖，我和蒼空同學不約而同地瞪圓了雙眼！因、因為……

「膨脹了！」

棉花糖膨脹的像是麻糬！可是跟超市賣的棉花糖似乎有點不太一樣？我嘴裡念念有詞：「咦，怎麼會這樣？逐漸消下去了？」膨起的棉花糖逐漸萎縮，最後變得跟仙貝一樣，扁扁的。**這是怎麼回事？**

「咦？該怎麼辦才好？」我們面面相覷，這可是好不容易才做好的棉花糖呢……

「可是還挺好吃的……」蒼空同學用手拿起扁塌的棉花糖，撕成兩半，分給我一半。

「咦？裡面融化了。」我不解的看著蒼空同學把棉花糖送入口中，咦？裡面融化了？我好像想到什麼了……融化？也就是說……棉花糖裡面有東西？正當我想到這裡，蒼空同學喊了起來！

「啊！吉利丁！因為跟果凍一樣都用到吉利丁，所以遇熱會融化！

原來如此！」

我連忙翻開實驗筆記，上頭寫著注意事項。製作科學的水果冰時，蒼空同學告訴過我，寒天和果凍開始凝固的溫度不同。

「我記起來了！果凍凝固的溫度比較低！而且因為加了吉利丁，所以跟果凍一樣，遇熱會融化！」

「咦？那市面販賣的棉花糖為什麼可以拿來烤？」

「等等！」我拿起超市買來的棉花糖包裝袋，查看背後的成分標示，驚訝得喊了起來。「蒼空同學，你看這裡！」

我指著原料的名稱，自從發生小唯對食物過敏的事件之後，我就開始注意起食品標示，食品標示會寫出該食品由哪些材料製成？

「麥芽糖、砂糖、吉利丁、玉米粉、乳製品寡糖、蜂蜜……不太一樣呢！」蒼空同學大喊。

「如果光看食品標示，根本不會知道是同一種點心。」我也有同感。

即使同樣都叫作棉花糖，也有各式各樣的作法呢！

「也就是說，我們只能用超市賣的棉花糖嗎？」蒼空同學大失所望。

好不容易做好了，他大概很不甘心吧？

我也陷入沉思，把嘴巴抿成一條線，目不轉睛的盯著眼前扁如仙貝的棉花糖。

「如果裡面沒有融化，就不會扁成這樣了吧……」

聽到我的喃喃自語，蒼空同學仰天長嘆，有氣無力的苦笑說：「算了……沒時間了，這也沒辦法。」

真的沒辦法嗎？我覺得好遺憾，但我們也只能跟上次一樣，把買回來的棉花糖放進烤箱裡，拍照。

「嗯，這麼一來，我負責製作甜點的部分就結束了。」

「再來就輪到我了。」我轉換心情說道，蒼空同學一臉期待的看著我。實驗室裡瀰漫著香香甜甜的味道，我用力的深呼吸。

這個味道是怎麼來的呢？我知道，因為我已經查過資料了。

我說：「這個味道是來自於『焦糖化』與『梅納反應』喔！」

「焦糖化是什麼意思？」蒼空同學歪著頭看著我，眼皮一眨也不眨。

我拿出筆記本，筆記本裡密密麻麻寫滿了我在圖書館查到的資料。

「砂糖是由各種不同的成分聚集而成，加熱之後會分解，也就是分裂成其它更小的成分。分裂的部分有些會變色，有些會發出香味。」

「這樣啊……那梅納反應又是什麼呢？」

「烤麵包或烤肉的時候，還有飯燒焦的時候，不是會變成咖啡色，發出香味嗎？就是那種現象。」

「欸？真的嗎？」

「不只是前面說的那些，就連味噌及醬油也是利用梅納反應，做出香味迷人的產品！」

「意思是能夠製造出香味的反應嗎？」

「大概是吧？」

「大概？」

我點點頭，臉上浮現苦笑。「書上寫著那是糖與胺基酸的反應……但實在太難了，我也看不懂。」我只查到這裡。

我的視線落在自己的實驗筆記，上頭寫著焦糖化、梅納反應的說明，但寫到一半就沒勁了，因為書裡的文字好艱深、好難懂，而且訊息量也非常多。

像是書上寫到「焦糖化」是由糖類引起的氧化反應等產生的現象，「梅納反應」則是發生於還原糖與胺基酸（蛋白質）混合加熱時，會產生褐色物質的反應……這些全都是字典裡沒有的生詞，看得我一個頭兩個大。即使查到「氧化」這個單字，但書上的解說與記號，我也看不懂，不知道在說什麼？

儘管如此，我還是努力的查了資料，關於「焦糖化」和「梅納反應」，書上都寫著尚未完全釐清其原理！

換句話說，**就連真正的科學家也還沒有完全解開謎**

團！當我得知這件事實時，內心大感震驚。

蒼空同學彷彿要為我打氣似的微笑：「妳能知道這麼多，已經很了不起了！」

我輕輕搖頭，仰起臉來，其實我並沒有沮喪，反而覺得很興奮。因為……就連大人也有不知道的東西，這件事令我興奮，這不就表示或許有一天，我能率先解開這個謎團嗎？

「嗯！我希望將來我有能力解開這些謎團，為了達成這個目標，就必須更加努力學習才行。」

聽到我這麼說，蒼空同學有些詫異。「……妳想努力學習？」

我點點頭，說道：「爸爸常說學習是為了以後要學的東西奠定基礎。再怎麼想知道自己喜歡的事物，也不可能一下子就完全了解，所以要從簡單的部分開始累積。如今，我總算明白這句話是什麼意思了。困難的書裡充滿了困難的字，我也不明白公式或記號的意思，所以現在可能看了也看不懂。為了知道想知道的事，我們必須一步一步的往上爬。」

蒼空同學默默的聽完我說的話，然後露出了奇怪的表情。「那我……果然應該更認真一點呢！」

「什麼意思？」我反問。

蒼空同學不好意思的猛搔頭：「我在做暑假作業的時候，為了搶時間完成，不管是不是正確解答，只打算隨便寫完它就交差了事……再這樣下去，我可能永遠都成不了甜點師傅。」

啊？難怪明明剩下那麼多作業，他還能全部做完。

見我不敢相信的睜大雙眼，蒼空同學避重就輕，嘿嘿笑了起來。「還有一天，我會再努力掙扎一下！」

還有一天嗎？

總覺得身為夥伴的我，無法置身事外，我也跟著緊張起來。但我相信，蒼空同學一定能如期完成的！

「那麼整理報告的事，就交給我吧！」

「那可不行。這是我們共同的實驗不是嗎？我的作業是我自己的問題，理花不用顧慮我！」

「……好吧！」我點點頭。因為如果換成是我，我想我應該也會說出跟蒼空同學一樣的話。

看一看時鐘，再三十分鐘就五點了。

「沒時間了，明天再來整理吧？」蒼空同學有點不安的低語：「說的也是……可是最好先估一下還要多久才能完成比較好吧？」

啊，他擔心來不及，說的也是，今天必須盡可能多做一點！

「嗯……有沒有什麼可以拿來參考的書……啊！」這麼說來，家裡也有「自由研究的書」！我還以為沒機會用上，把它忘得一乾二淨！

我立刻回家一趟，在房裡的書櫃翻找，發現那本書靜靜的躺在書櫃的角落。

「找到了！」

我馬上回到實驗室，翻查書上有沒有教我們整理的方法？找到了！寫在最後一頁。

「如何整理研究成果……首先是『標題』與『副標題』。」蒼空同學看著自己的筆記本，立刻說：「用『烤過的棉花糖為什麼那麼好吃？』

這句話做標題就行了吧？」

我也附和，並記錄下來，進入下一個步驟。

「接著是關於實驗的動機……因為烤肉時吃到的烤棉花糖很好吃，下一步是……」

嗯？聽到這裡，我放下那本書。翻開自己的實驗筆記。因為「準備的東西」、「步驟」、「實驗內容」、「結果」、「感想」……

「這些都是我**每次都會寫在實驗筆記裡**的東西呢！」我喊了起來！並讓蒼空同學看我的筆記本，從酥脆的餅乾到上次的果凍冰，所有的實驗內容都寫在裡面，針對烤棉花糖的實驗，我也依照慣例寫下這些內容。

我和蒼空同學互看一眼。

「真的假的？這麼一來，就沒有問題了啊！」

「嗯！既然如此，你明天一整天幾乎可以全部用來寫作業了！」我有些激動的說，蒼空同學也用力點頭。

看到著急與不安已經從蒼空同學的臉上消失，我也鬆了一口氣。

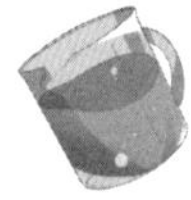

17 冷掉也美味的烤棉花糖

隔天。

我們用油性筆在封面寫下「烤過的棉花糖為什麼那麼好吃」這個標題，蒼空同學寫下「廣瀨蒼空」，我再寫下「佐佐木理花」。寫下兩人的名字後，我和蒼空同學同時吐出一口大氣。

「完、完成了！」

「結束了！好睏啊！」蒼空同學趴在實驗室桌上。

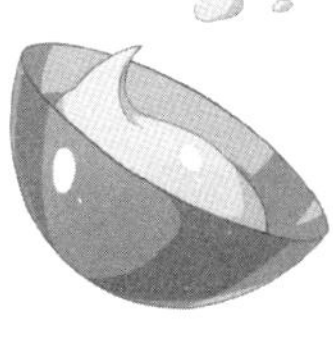

他看起來很睏，肯定是很認真的重寫了作業。頭髮也有點凌亂，讓我忍不住笑出聲音來。

「如期完成真是太好了。」

望向窗外，太陽已經快下山了。

「雖然很累……但今年暑假過得好充實啊！」

「能順利結束真是太好了！」

「雖然最後的部分幾乎都是由妳整理！」

「可是你也幫忙列印照片啊，這是我們共同研究的成果！」

我們相視而笑，拿起整理完實驗結果的筆記本盯著看。筆記本裡寫著蒼空同學利用不同的砂糖狀態製作甜點的作法、對味道的感想，並附上照片，整理得很詳細，最後烤棉花糖的部分則是我的解說。

砂糖分解後，顏色及味道都有所改變的焦糖化，與產生美味物質的梅納反應，讓烤過的棉花糖變得更好吃了，這些是以我現在的力量能夠理解的範圍。

明明是很普通的方格筆記本，**看起來卻如此閃耀，光芒萬丈**。

我陶醉的看著，突然冒出一句：「參加比賽，可以拿獎嗎？」

蒼空同學愣了一下。「咦，可是妳不是說，妳不在乎得不得獎嗎？」

我確實是這麼想的……但，此時此刻卻有了不同的想法，因為這是我們第一次靠自己的力量完成的自由研究。

想到這裡，我突然覺得這份研究非常珍貴，我覺得很驕傲……我想讓更多人看到，想讓更多人稱讚我們好了不起、好厲害呀！努力之後，希望可以獲得他人的讚美，不是會有這種想法嗎？

「嗯……該怎麼說呢？」

蒼空同學目不轉睛的注視著我，他的眼神十分柔和，讓我覺得不管我說什麼，他都能包容。

雖然我有點害羞，還是鼓起勇氣開口：「我原本對比賽的獎項或輸贏的事的確沒有興趣……可是，我想確認一下自己的實力，希望努力的成果能得到認同，我想蒼空同學一定能體會我的心情。因為這個研究真的很棒嘛！我們真的很認真！**我想得到大家的肯定！我想得獎**……這種想法很奇怪嗎？」

蒼空同學馬上笑著接下去：「一點也不奇怪！因為我也很想得到大家的讚美！」

我如釋重負的笑了。「所以我改變心意了，我想參加比賽。」

如果只有我一個人，肯定無法做到這個成果，幸虧有蒼空同學在前面拉著我，我才能有始有終地完成自由研究。

「真是太好了！能夠跟蒼空同學一起做自由研究，謝謝你。」我輕聲的說。

聽到我這麼說，蒼空同學顯得有些手足無措，他把臉轉向另一邊。

「能夠做得這麼好，都是理花你的功勞。光靠我一個人，一定是像無頭蒼蠅般橫衝直撞，會迷失方向。幸好有理花在，每次都在我快要失控的時候幫我踩煞車。」

煞車？

這句話令我不覺莞爾，如果我是專門負責踩煞車的人，那蒼空同學不就是——

「如果我停下來，不能動了，蒼空同學會幫忙踩下油門嗎？」

蒼空同學咧嘴一笑。

「所以說，我們果然是最佳拍檔。」

蒼空同學像是要比腕力似的伸出手，我也戰戰兢兢的伸出手，蒼空同學牢牢的將我的手握住。

「明年再一起做吧！而且要做得比這次更好！」

「嗯！」

明年一定要做出更厲害的自由研究！

等等！

我現在……是不是和蒼空同學手牽手了？

我突然意識到這點！因為剛剛沒有曖昧的氣氛，我忍不住伸出手！而且……與其說是牽手，更像是擊掌！

蒼空同學的手比我大一點，體溫也比我高一點……不、不僅如此，我們還約好明年也要一起做自由研究？

不管從各種角度來說，我的心臟都跳得好快……

蒼空同學說：「啊！對了！如果還有時間，我想要做一件事！」蒼空同學放開我的手，從背包裡拿出透明的塑膠袋。

我鬆了一口氣，心想那是什麼？原來是跟昨天一樣的手工棉花糖，而且看起來比昨天做的更好看、更好吃的樣子！

「這不是棉花糖嗎？你又做了新的嗎？為什麼？」

「昨天妳不是說如果裡面沒有融化，就不會扁成這樣了嗎？這句話令我耿耿於懷。」蒼空同學露齒一笑，從背包裡摸出一樣東西——

「啊，那是……」我喊了起來！

「是葉大哥使用的噴槍！用噴槍就能只烤表面了。就像葉大哥製作烤布蕾的時候，裡頭不是冷的嗎？」

對啊，有道理！

「你好聰明！」

我一定想不到這個！

蒼空同學笑得十分自豪，隨即換上嚴肅的表情。「有點危險，妳後退一點。」

蒼空同學提醒我小心，然後將手工棉花糖放在盤子上，按下噴槍的開關點火。然後小心翼翼的用藍色的火焰烤棉花糖，圓圓的棉花糖非但沒有融化，還染上了漂亮的焦色。

「好漂亮！好厲害！」

「我在烘焙坊學了作法才來的，妳吃吃看。」

我滿心期待，拿起棉花糖放進嘴巴裡。不可置信的睜大了雙眼。因為真的好香、好好吃！微焦的部分帶著淡淡的苦澀，突顯出甜度，感覺真不賴！不僅如此，裡頭基本上還是沒烤過的棉花糖，鬆軟彈牙又富有嚼勁！

「好好吃！蒼空同學，這個好好吃喔！」

蒼空同學洋洋得意的說：「其實我請爺爺看過了，爺爺說這個點子很有趣，還說改良以後，或許可以放在店裡賣！」

「真的嗎!?」

爺爺的肯定勝過千言萬語！蒼空同學真的好厲害！明明還有那麼多作業，他卻自己研究出這個？

我忍不住說：「不愧是甜點師傅的徒弟！」

聽我這麼說，蒼空同學補了一句：「還是『候補』啦！」但臉上完全藏不住喜悅的笑容。自己也拿起一顆棉花糖，吃得津津有味。

「好吃！因為裡面沒有烤過，冷了也不會變硬，妳不覺得像是同時融合了烤棉花糖和沒烤過的棉花糖，具有雙重優點嗎？」

我猛點頭，掩不住喜悅的說：「冷了也好吃的烤棉花糖，聽起來好厲害呀！」

「啊？這句話我就拿下來用了！」

我聽不懂他在說什麼，蒼空同學在食譜筆記本的標題欄寫下：

「冷了也好吃的烤棉花糖」

我們再次相視而笑。

「那麼，這就是第二項作品了。」

蒼空同學點點頭。

就像正在一步一步往上爬，感覺很開心，雖然距離頂峰還有很長一段路，可是……我們一定能爬上去吧？

18 最佳拍檔

在那之後，又過了一個月。

這天，班會時間。「啊，石橋、佐佐木、廣瀨同學，我有話跟你們說，下課來辦公室找我。」老師突然對著我和蒼空同學、脩同學這麼說。

什麼事？我們應該沒做錯什麼事吧？我提心吊膽的前往辦公室，一旁的脩同學倒是一臉坦然。

我們才走進門，老師就笑著宣布：「綜合教育中心打電話來，恭喜

你們三個都入圍了！」

「咦？」入圍什麼？我還沒反應過來，只見脩同學不服氣的說：「只有入圍嗎？」

「能夠入圍已經很厲害了！」

「我的目標可是最大的縣知事獎。」

「那還真是遠大的目標呀！明年再接再厲吧！」老師哈哈大笑，拍了拍脩同學的肩膀，他看起來還在生氣的樣子。

我聽不懂他們在說什麼，問道：「老、老師，請問你們在說什麼？」

「啊？你們提交的作品入圍了小學生部門的獎。」

「你是說自由研究？評選結果現在才出來嗎？」

老師點頭。

我還以為結果馬上就出來了，心想沒消息應該是我們沒希望的意思，然後就忘了這件事！沒想到結果是這樣？

我好開心、好驕傲！想到還是跟脩同學那麼厲害的研究一起入圍，忍不住在心裡哇哈哈的笑了起來！

我們一起放學回家，剛踏出校門口，脩同學就忿忿不平的說：「一定是我的研究比較厲害。」他一臉的不甘心。

脩同學真的好有自信，真希望他的信心能分給我一點。

「虧我還做了昆蟲的分布，應該能得到更好的名次才對。」脩同學嘮嘮叨叨地抱怨，突然瞥了我一眼。「理花同學，明年跟我一起拿下縣知事獎吧？」

他怎麼還沒死心啊！別說了，會吵架的！

我心慌意亂的望向蒼空同學……看吧，我就知道！只見蒼空同學惡狠狠的瞪著脩同學。

我都說我要和蒼空同學一起做實驗了！沒必要吵架吧？

我正想勸架的時候，蒼空同學瞪著脩同學說：

「我才不會把理花交給你！」

什麼!?

爆炸性的發言令我呆若木雞。

等、等、等一下。這、這句話是什麼意思？莫、莫非是告白？這……哇啊啊啊啊，我感覺臉頰好像有火在燒。只能目瞪口呆地看著脩同學，脩同學的眼珠子也快掉出來了。

不過，蒼空同學對瞠目結舌的我和脩同學微微一笑說：

「因為理花是我的**最佳拍檔**！」

「……」

蒼空同學的笑臉燦爛到幾乎刺眼的程度，我用力地吐出憋在胸口的一口氣。我這個傻瓜！蒼空同學怎麼可能向我告白嘛！心、心臟狂跳到一百下！**真是虧大了！**

我感覺全身都沒力了，不由得蹲在地上。

「怎麼了？妳又不舒服了嗎？」蒼空同學緊張的衝到我身邊。

「我果然沒看錯，你真的很幼稚……」脩同學一臉被蒼空同學打敗的模樣。

「什麼？我哪裡幼稚了！」

「而且非常遲鈍，理花同學，妳還是放棄這麼遲鈍的傢伙，跟我組隊吧！」

「什麼？誰遲鈍了！理花，別理這傢伙！」

脩同學一副受不了的模樣，連聲嘆氣。

「哎……煩死了！居然跟這傢伙打成一平手，真是豈有此理，明年我一定要獲得壓倒性的勝利！」

啊啊啊啊，聽到這句話，蒼空同學一定又要大暴走了！

「想得美！下次一定也是我贏！」

蒼空同學也別這麼爭強好勝……等等？一敗一平手是什麼意思？修同學什麼時候輸了？我在我的記憶裡翻箱倒櫃，可是一點印象也沒有。

見我一臉疑惑，蒼空同學說：「理花，我們走吧！回去想明年要研究什麼主題！」

明年？已經要開始想明年暑假的事了嗎？**未免也太心急**了吧？而且他又開始一頭熱了！

只見脩同學不屑的笑著說：「廣瀨如果沒有理花同學，可就什麼也做不了了呢！」

「什麼？你憑什麼這麼說！既然如此，我也可以跟你單挑喔！」

「樂意奉陪。」

見兩人互不相讓地瞪著對方，我嘆了一口氣。

唉……蒼空同學明明對誰都很溫柔，為什麼跟脩同學這麼針鋒相對？單刀直入，有什麼說什麼，難怪會吵起來……等等？仔細想想，蒼空同學很難得跟人吵架呢？

我突然發現一件事，對任何人都很溫柔的蒼空同學，唯獨針對脩同學，他會口無遮攔、一點也不客氣、有話直說。也就是說……蒼空同學其實很看重脩同學？

這麼說來，葉大哥也曾經說過：「蒼空遇上強勁的對手了。」

這不是很幸運的事嗎？

成為搭檔固然不錯，但對手也給人一種非常「特別」的感覺！想到這裡，我突然羨慕起脩同學。羨慕脩同學能與蒼空同學亦敵亦友，互相較勁、勇往直前地奔向同一個目標。

可是……等一下！他剛才說要單挑？意思是說他們要**一對一單挑**嗎？

哇，只有我被拋下了!?

「那、那個……蒼空同學、脩同學！」

蒼空同學和脩同學不再瞪著對方，不約而同的看著我。

瞬間成為他們的視線焦點，我頓時有些膽怯。可是這句話非現在說不可！我深深的吸進一口氣說：「我明年也想參加比賽！

我、我也不會輸給你們！」

蒼空同學和脩同學都露出驚訝的表情。

但兩個人隨即笑著對我說：「放馬過來。」

19 「特別」的女生？

走到櫻花樹的分岔路時——

「蒼空！」

高八度的叫聲響徹整條路，聞聲，我望向通往Patisserie Fleur的那個方向，有個人正從Patisserie Fleur狂奔而來。隨著原本只有豆子大的人影越來越近，輪廓逐漸變得鮮明。

誰呀？

最先映入眼簾的是紅色的頭髮，剪成狼尾頭的捲翹髮型，看起來很有個性，純白T恤搭配米白色的短褲，腳底踩著涼鞋。因為逆光，所以一時半刻還看不清那人的長相。

「蒼——空——」

我愣愣的看著對方逐漸放大的臉……藍色的大眼睛，眉毛給人溫柔的印象，捲翹的睫毛跟頭髮一樣都是紅色的，高挺的鼻梁、小巧的嘴巴，長得好漂亮，漂亮到令人大開眼界的地步，好像洋娃娃……

那個人不偏不倚地跑過來，一把抱住蒼空同學。

「咦？」我和脩同學都驚訝得目瞪口呆。

她居然抱住了蒼空同學！簡直就像外國電影，但這裡可是日本啊！

我左顧右盼地四下張望。

「由宇？啊啊啊！好久不見了！」

「蒼空，我好想你！」

蒼空同學綻放出有如向日葵般的笑臉，抱著那個女生——由宇，拚命拍打著她的背，表現出重逢的喜悅，看起來不是一般的關係……

我僵在原地。

呃……這、這位由宇……到底是……蒼空同學的什麼人？難不成是

——「特別」的女生？

後記

大家好，我是山本史！非常感謝大家收看《理科少女的料理實驗室》第三集！

說到夏天，就會想到露營！各位是否也和理花及蒼空一起玩得很開心呢？揭曉上集後記出的謎題，這次的甜點是棉花糖！

有人答對了嗎？我也覺得有點難呢！

跟往常一樣，我也實際試做了棉花糖，但是用小烤箱烤過以後，大

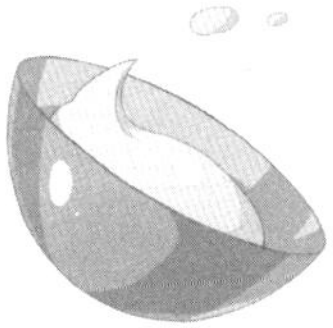

事不妙！跟我想像的完全不一樣，急死我啦！我也確實感受到理花他們的手忙腳亂了，肯定能運用在接下來的作品中……（笑）。

這次有個很大的主題，那就是暑假的自由研究。我還是小學生的時候，也被暑假作業整得欲哭無淚，每次留到最後的都是自由研究。難得可以「自由」研究，當然想做點有趣的事！所以經常發生太認真了，結果時間不夠用的悲劇（苦笑）。

長大以後，我成為幫忙做自由研究的人，這也很好玩，讓我沉迷其中。甚至產生要是以前能多做一些自由研究，那該多好的想法。

今年的暑假，希望各位也能多觀察身邊發生的事！相信看到最後的

人都已經知道了，即使製作甜點，根據不同的作法也會變成了不起的研究喔！（笑）

對了，這次我在最後扔出兩顆炸彈：第一個是蒼空同學的爆炸性發言（笑），第二個是新登場的人物。我在塑造這個人物的時候，腦海中想像的是暴風雨般的孩子。

預料將引起軒然大波的第四集很快也將上市，那個溫柔的人會展開什麼行動呢？敬請拭目以待！

感謝每次都把插圖畫得很可愛的nanao老師、各位編輯、校對、美術設計……等所有參與這本書製作的人。繼前兩集，這次也幫我把這本書製作得非常精美，真的非常感謝大家！

更重要的是，謝謝拿起這本書的各位讀者！為了第四集也能讓大家滿意，我會卯足全力！

山本史

理花與蒼空的
自由研究
部分公開！

烤過的棉花糖為什麼那麼好吃？

1. 實驗的契機

露營烤肉時吃到的烤棉花糖很好吃，
所以想研究一下烤過的棉花糖，為什麼會那麼甜、那麼好吃？

試著從身邊的「為什麼」尋找研究的種子吧！

2. 準備的東西

棉花糖、瓦斯爐、叉子、小烤箱、錫箔紙

3. 步驟、實驗內容

① 用瓦斯爐烘烤插在叉子上的棉花糖。
② 將棉花糖放在錫箔紙上，放進烤箱裡烤。
③ 改變烘烤的時間，比較口感。

棉花糖烤過以後，味道會變得很好吃，原因出在加熱時間與溫度？

④ 用瓦斯爐（1000 度以上）的火烤棉花糖，以相同的時間用小烤箱（約 230 度）烤棉花糖，比較口感。
⑤ 每次多烤 1 分鐘，比較不同時間的口感。

4. 結果

加熱時間	0 分鐘	1 分鐘	2 分鐘	3 分鐘	4 分鐘	5 分鐘
小烤箱（230度）	普通	味道與 0 分鐘 沒什麼差別	甜	有點甜	非常甜 ◎	苦中帶甜 ◎

☆有好聞的焦香味

整理成表格，就能看出結果的差異了！

- 烤的溫度與時間會改變棉花糖的味道和顏色、形狀。
- 感覺烤成咖啡色的部分比較多的 5 分鐘最好吃。

◎ 好吃」與「好甜」不一樣／苦苦的感覺也很好吃。

⇒ 美味的原因在於「烤焦」的「香味」？

檢查想研究的部分與結果是否一樣？

〈根據實驗的結果〉

活用在圖書館看到的砂糖水變化實驗！

5. 調查的部分 ① 依照砂糖不同的加熱程度，可以做出什麼樣的甜點呢？

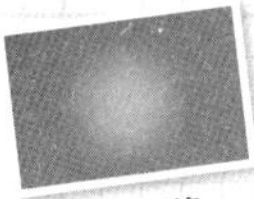

・糖漿

・牛奶糖

・糖果

・布丁的焦糖醬

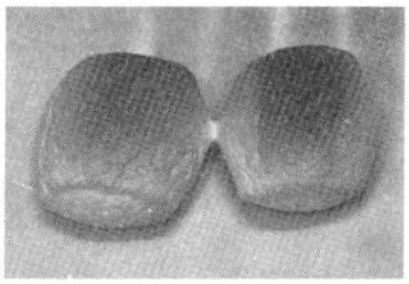

烤棉花糖

砂糖的狀態……焦糖　作法——味道的感想

棉花糖烤焦的部分其實是「焦糖」喔！

6. 調查的部分 ② 砂糖變成焦糖的時候，會產生什麼樣的變化呢？

・焦糖化……砂糖遇熱後分解，顏色和味道產生變化。
・梅鈉反應……烤肉、煮飯產生鍋巴時，變成咖啡色，散發出香味。

⇒ **烤棉花糖之所以美味的原因**
來自於烤的時候會產生這兩種反應。

7. 感想

・利用實驗的空檔製作手工棉花糖很開心。
・得知這兩種反應的原理尚未完全釐清。

希望有朝一日能解開這個謎團。
製作甜點和科學是我們擅長的領域！

大家可以留意身邊的謎團，
試著進行自由研究喔！

參考文獻

《食物與廚藝》（On Food and Cooking）
哈洛德・馬基（Harold McGee）著，邱文寶、林慧珍、蔡承志譯

《烹飪的科學》（The Science of Cooking）
斯圖亞特・法里蒙（Stuart Farrimond）著，張穎綺譯

下集預告

理花
這個人……到底是誰？

由宇
好高興又能見到蒼空！
今後也請多多指教！

蒼空
好啊！

脩
廣瀨！這是怎麼回事？你剛剛才說不會
把理花交給我，真是個花心大蘿蔔！

理花
現在是什麼情況？

到了秋天——
蒼空的「特別」之人出現了

混亂的劇情
急轉直下!?

理花
下次說不定是最後一次和蒼空
同學一起做實驗了……

故事館 028

理科少女的料理實驗室3：讓人頭痛的暑假自由研究！？

理花のおかしな実験室〈3〉自由研究はあまくない！？

作　　者　山本 史
繪　　者　nanao
譯　　者　緋華璃
專業審訂　施政宏（彰化師範大學工業教育系博士）
語文審訂　張銀盛（臺灣師大國文碩士）
責任編輯　陳彩蘋
封面設計　李京蓉
內頁排版　連紫吟・曹任華

童書行銷　張惠屏・侯宜廷・林佩琪・張怡潔
出版發行　采實文化事業股份有限公司
業務發行　張世明・林踏欣・林坤蓉・王貞玉
國際版權　施維真・王盈潔
印務採購　曾玉霞・謝素琴
會計行政　許俽瑀・李韶婉・張婕莛
法律顧問　第一國際法律事務所　余淑杏律師
電子信箱　acme@acmebook.com.tw
采實官網　www.acmebook.com.tw
采實臉書　www.facebook.com/acmebook01
采實童書粉絲團　https://www.facebook.com/acmestory/

ISBN　978-626-349-351-3
定　　價　320元
初版一刷　2023年8月
劃撥帳號　50148859
劃撥戶名　采實文化事業股份有限公司
104台北市中山區南京東路二段95號9樓
電話：(02)2511-9798　傳真：(02)2571-3298

國家圖書館出版品預行編目資料

理科少女的料理實驗室. 3, 讓人頭痛的暑假自由研究!? / 山本史作; nanao 繪; 緋華璃譯. -- 初版. -- 臺北市: 采實文化事業股份有限公司, 2023.08
288 面; 14.8×21 公分. -- (故事館; 28)
譯自: 理花のおかしな実験室. 3, 自由研究はあまくない!?
ISBN 978-626-349-351-3(平裝)
1.CST: 科學 2.CST: 通俗作品
307.9　　112009450

RIKA NO OKASHINA JIKKENSHITSU
Vol.3 JIYUKENKYU HA AMAKUNAI!?

故事館

故事館